民族地区技能人才培养专业教材

总主编 张 健 副总主编 王贵红 程国建

电工技术

DIANGONG JISHU

主 编○宋 成 更尔旦周

副主编○韦 娜 纪秀青 张 敏

参 编○李 情 李永坤 杨 敏

何春林 赵 毅 黄宇娇

重庆大学出版社

图书在版编目（CIP）数据

电工技术 / 宋成，更尕旦周主编. -- 重庆：重庆
大学出版社，2021.9
ISBN 978-7-5689-2625-6

Ⅰ.①电… Ⅱ.①宋… ②更… Ⅲ.①电工技术—中
等专业学校—教材 Ⅳ.①TM

中国版本图书馆CIP数据核字（2021）第101508号

电工技术

主　编　宋　成　更尕旦周
副主编　韦　娜　纪秀青　张　敏
策划编辑：章　可

责任编辑：陈一柳　　版式设计：陈一柳
责任校对：谢　芳　　责任印制：赵　晟

*

重庆大学出版社出版发行
出版人：饶帮华
社址：重庆市沙坪坝区大学城西路21号
邮编：401331
电话：（023）88617190　88617185（中小学）
传真：（023）88617186　88617166
网址：http://www.cqup.com.cn
邮箱：fxk@cqup.com.cn（营销中心）
全国新华书店经销
重庆新生代彩印技术有限公司印刷

*

开本：787mm×1092mm　1/16　印张：12.25　字数：277千
2021年9月第1版　　2021年9月第1次印刷
ISBN 978-7-5689-2625-6　定价：33.00元

前　言

　　《电工技术》是针对中等职业学校电工专业学生编写的一本实践性强、与实际生产结合紧密的技术应用型教材。本书借鉴了德国"双元制"的教育理念，突出对学生实践能力和创新能力的培养；坚持以就业为导向，以职业岗位能力为本位；强调结合工程实际应用，以完成客户订单需求为手段，为社会培养更多懂理论、会操作、有素养的技术应用人才。

　　本书有以下特点：

　　①这是一本易学、易教、易用的新型活页式教材，教师可以根据学生的层次和学情，灵活选择教学内容。

　　②注重与行业、企业的深度融合。从教材编写思路的确定，编写大纲的拟定，至教材内容的审定，全程都有知名企业博西华家用电器服务江苏有限公司的工程师和技术人员参与，使教材理论知识与实际应用结合更紧密，保证了教材内容的实用性。

　　③按照教学规律和学生的认知规律，减少理论知识的讲述，注重实践和操作，把课堂交给学生，让他们在完成客户订单的过程中学习和提高。

　　④参照德国"双元制"的教育理念，使教学过程与生产过程、专业与产业对接，实现理论和实践一体化的教学模式。

　　本书由宋成、更尕旦周担任主编，韦娜、纪秀青、张敏担任副主编。项目一由宋成、更尕旦周、韦娜、纪秀青、李情、张敏、李永坤、杨敏编写；项目二由何春林、赵毅、黄宇娇编写。

　　特别感谢博西华家用电器服务江苏有限公司为本书编写的大力支持！

编　者

2021 年 2 月

目 录

项目一 控制技术基础

项目二 变频控制技术

项目一　控制技术基础

任务一　电线、电缆加工

一、任务目标

知识目标：

①了解常用电线、电缆的分类以及型号和规格；

②分清冷压端头的种类；

③熟悉常用电工工具的正确使用及注意事项；

④掌握安全用电知识。

技能目标：

①能用剥线钳或电工刀去除电线绝缘层和电缆护套；

②掌握冷压端头的压接方法和技巧；

③熟悉插头与插座的结构并能正确连接；

④分清导线颜色及各自的应用范围。

二、任务内容

① RVV 5 × 2.5 mm² 导线绝缘层的剖削；

②冷压端头的压接。

三、任务功能

①不同种类及规格导线的加工，实现电的连接；

②插头、插座的接线，为工作台提供可靠电源。

四、任务过程

①获取资料；

②计划；

③决策；

④实施；

⑤检查；

⑥评估。

五、任务用时

12 学时。

一、参照图纸与表格进行一定尺寸电缆的外套去除

图纸：

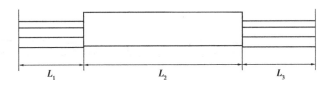

表格：

电缆种类	长度 L_1	长度 L_2	长度 L_3
RVV 3 × 1.5 mm²	60 mm	150 mm	70 mm
RVV 5 × 2.5 mm²	70 mm	160 mm	80 mm
RVV 15 × 0.75 mm²	80 mm	200 mm	90 mm

公差：± 2 mm

二、正确压接冷压端头

1. 正确固定冷压端头的外形特征

	错误	正确

冷压端头应套至绝缘层

所有芯线应由冷压端头封闭

滚轧处应位于冷压端头中心

2. 将上一练习中 RVV 导线的两端安装并压紧上冷压端头

3. 参照图纸完成导线与冷压端头的固定

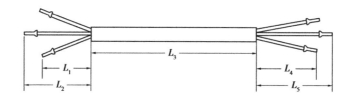

电缆种类	长度 L_1	长度 L_2	长度 L_3	长度 L_4	长度 L_5
RVV 3×1.5 mm^2	30 mm	50 mm	150 mm	50 mm	60 mm
RVV 5×2.5 mm^2	40 mm	60 mm	160 mm	60 mm	70 mm
RVV 15×0.75 mm^2	50 mm	80 mm	20 0mm	70 mm	80 mm

公差：±2 mm

三、插头、插座接线练习

①注意不要损伤绝缘层。

②注意相线、零线、地线的接线位置。

③掌握接好线后检查测试的方法和步骤。

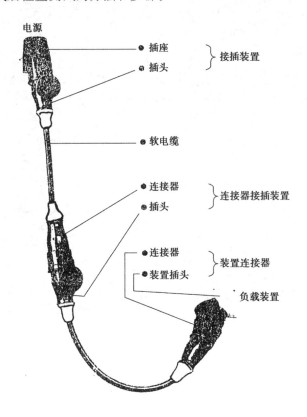

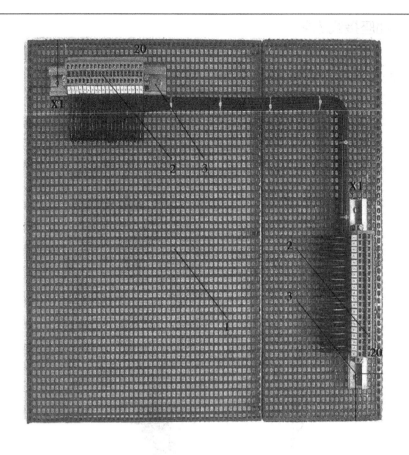

1	评分表	工作形式 □个人 □小组分工 □小组			他人评分 □是 □否		实际工作时间		
	评分范围：10-9-7-6-0	评分结果					项目系数	学生自评	教师评分
	评分标准	评 分		项目分					
		学生自评	教师评分	项目系数	学生自评	教师评分			
	一、信息资料和计划阶段 1.练习要求 2.练习目的 3.工作计划 4.材料清单和工具清单			0.3 0.2 0.2 0.3					
	合　计			1.0			0.3		
2	二、实施阶段 1.冷压端子的选择 2.绝缘层的剖削 3.导线与端子排的整型 4.工具的摆放和工作台的整洁性			0.2 0.2 0.3 0.3					
	合　计			1.0			0.2		
	三、导线连接与固定 1.导线的选择 2.导线的绝缘 3.导线的固定 4.控制柜的连接			0.2 0.3 0.2 0.3					
	合　计			1.0			0.2		
	四、功能测试阶段 1.连接的牢固性 2.功能描述及各种参数的确定 3.故障的分析与排除 4.安全保护措施			0.3 0.2 0.3 0.2					
	合　计			1.0			0.3		
	总　分						1.0		
3	练习总结：								
4	学生签名及学号： 教师签字：								

任务二　预备知识

一、任务目标

知识目标：

①了解不同用途按钮的颜色区分；

②了解电气元件的规格，熟记常用低压电器的图形符号和文字符号；

③掌握工具和万用表的正确使用及注意事项；

④认识异步电动机的铭牌；

⑤铭记安全知识，树立安全意识。

技能目标：

①熟悉电气控制线路的原理图；

②熟悉电气元件的结构和规格参数；

③分清导线颜色及各自应用范围。

二、任务内容

①常用低压电器的结构和工作原理；

②异步电动机的结构和工作原理；

③电气原理图的绘制原则和识读方法。

三、任务功能

①异步电机的拆装；

②交流接触器的拆装；

③电气原理图的绘制。

四、任务过程

①获取资料；

②计划；

③决策；

④实施；

⑤检查；

⑥评估。

五、任务用时

24 学时。

一、简称

VDI——德国工程师协会

DIN——德国标准委员会

IEC——国际电气技术委员会

JIS——日本工业标准

CEE——国际电工器材审定委员会

GB——国家标准（中国）

二、命令键

命令键相互之间的位置要符合 IEC447 和 DIN43602 中的规定。

停止按钮位于启动按钮的下方或左方，也可位于换向按钮之间；启动按钮位于指示灯的下方。

三、颜色标记

通过按钮、显示灯和显示按钮的颜色，马上能识别该按钮的功能。下面列举几种重要的颜色及其功能。

按钮　　　红色——停止、暂停、急停；

　　　　　绿色——启动；

　　　　　黄色——干扰。

显示灯　　红色——故障警报，危险情况；

　　　　　绿色——安全，正常情况；

　　　　　黄色——提示，异常情况、紧急临界情况；

　　　　　白色——确认，其他情况、无确定性质。

四、布线

1.连线的最小截面积

机内导线　　　　= 0.75 mm²

低压电路连线　　= 0.20 mm²

2.各种电路的布线

在同一布线槽内允许有几根导线，如果电压不同，则要使导线相互绝缘。不通过主开关的电路，要单独布线。

3.颜色标记

单芯导线及电缆要使用以下几种颜色：

主电路的中线（无保护功能）　　　= 浅蓝色

交直流主电路　　　　　　　　　　= 黑色

交流控制电路　　　　　　　　　　= 红色

直流控制电路　　　　　　　　　　= 蓝色

互锁电路　　　　　　　　　　　　= 橙色

低压控制电路（如 AC24 V）　　　 = 棕色

五、元器件的型号

低压电器产品型号类组代号表

代号	名称	A	B	C	D	G	H	J	K	L	M	P	Q	R	S	T	U	W	X	Y	Z
H	刀开关和转换开关				刀开关		封闭式负荷开关		开启式负荷开关					熔断器式刀开关	刀形转换开关					其他	组合开关
R	熔断器			插入式			汇流排式			螺旋式	密闭管式				快速	有填料管式			限流	其他	
D	断路器									照明	灭磁				快速			框架式	限流	其他	塑料外壳式
K	控制器					鼓形						平面				凸轮				其他	
C	接触器					高压		交流				中频			时间					其他	直流
Q	启动器			磁力											手动		油浸		星三角	其他	综合
J	控制继电器					管型元件				电流				热	时间	通用		温度		其他	
L	主令电器	按钮							主令控制器						主令开关	足踏开关	旋钮	万能转换开关	行程开关	其他	
Z	电阻器		板型元件	冲片元件		管型元件									烧结元件	铸结元件			电阻器	其他	
B	变阻器			旋臂式						励磁		频敏	启动		石墨	启动调速	油浸启动	液体启动	滑线式	其他	
T	调整器				电压								牵引								
M	电磁铁																	起重			制动
A	其他		保护器	插销	灯		接线盒			铃											

六、异步电动机的参数及接线

电动机是一种将电能转换成机械能的动力设备，应用十分广泛。其中交流异步电动机（如左图所示）应用最为广泛，它具有结构简单、价格低廉、坚固耐用、使用维护方便等优点。单相交流异步电动机功率小，多用于小型机械设备或家用电器；三相交流异步电动机功率大，多用于工矿企业中。

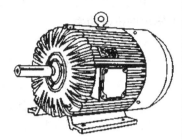

交流异步电动机

电动机的机座上有一块铭牌，它简要标出了一些主要技术数据，供正确选用电动机之用，如下图所示。

三相异步电动机					
型号	Y132M-4	功率	7.5 kW	频率	50 Hz
电压	380 V	电流	15.4 A	接法	△
转速	1440 r/min	绝缘等级	B	工作方式	连续
年　月　编号				×× 电机厂	

防护等级　IP44

1. 型号

例如，型号"Y132M-4"第一个字母为电动机的系列代号（Y 为异步电动机）；

"132"为机座至输出转轴的中心高度（mm）；

"M"为机座类别（其中，"L"为长机座，"M"为中机座，"S"为短机座）；

"4"为磁极数。

旧的电机型号也有如"J02-52-4"，其中：

J——异步电动机；

0——封闭式；

2——设计序号；

5——机座号；

4——磁极数。

2. 额定功率（7.5 kW）

电动机在额定工作状态下，即在额定电压、额定负载和规定冷却条件下运行时，转轴上输出的机械功率。

3 额定电压（380 V）

电动机正常运行时的电源线电压。

4. 额定转速（1 440 r/min）

电动机在额定工作状态下运行时的转速。

5. 额定电流（15.4 A）

电动机在额定工作状态下运行时定子电路输入的线电流。

6. 频率（50 Hz）

电动机使用的交流电源的频率。

7. 绝缘等级（B）

它与电动机绝缘材料所能承受的温度有关。A 级绝缘为 105 ℃，E 级绝缘为 120 ℃，B 级绝缘为 130 ℃，F 级绝缘为 155 ℃，H 级绝缘为 180 ℃。

8. 噪声等级

在规定安装条件下，电动机运行时噪声不得大于铭牌值。

9. 防护等级

电动机外壳防护的形式。IP（International Protection）等级（防尘防水）定义表示为 IP××，电机常用的防护等级有 IP23、IP44、IP54、IP55、IP56、IP65。

防护等级 第一位数	简　称	定　义
0	无防护	没有专门的防护
1	防护大于 50 mm 的固体	能防止直径大于 50 mm 的固体异物进入壳内；能防止人体的某一大面积部分（如手）偶然或意外地触及壳内带电或运动部分，但不能防止有意识地接近这些部分
2	防护大于 12 mm 的固体	能防止直径大于 12 mm 的固体异物进入壳内；能防止手指触及壳内带电或运动部分
3	防护大于 2.5 mm 的固体	能防止直径大于 2.5 mm 的固体异物进入壳内；能防止厚度或直径大 2.5 mm 的工具、金属线等触及壳内带电或运动部分
4	防护大于 1 mm 的固体	能防止直径大于 1 mm 的固体异物进入壳内；能防止直径或厚度大于 1 mm 的导线或片条触及壳内带电或运动部分
5	防尘	能防止灰尘进入并达到影响产品正常运行的程度，完全防止触及壳内带电或运动部分
6	尘密	能完全防止灰尘进入壳内，完全防止触及壳内带电或运动部分
防护等级 第二位数	简　称	定　义
0	无防护	没有专门的防护
1	防滴	垂直的滴水应不能直接进入电机内部
2	15°防滴	与铅垂线成 15°范围内的滴水，应不能直接进入电机内部
3	防淋水	与铅垂线成 60°范围内的淋水，应不能直接进入电机内部
4	防溅水	任何方向的溅水对电机应无有害的影响
5	防喷水	任何方向的喷水对电机应无有害的影响，标准为 1 m 处
6	防海浪或 强加喷水	猛烈的海浪或强力的喷水对电机应无有害影响
7	浸水	电机在规定的压力和时间下浸在水中，其进水量应无有害影响
8	潜水	电机在规定的压力下长时间浸在水中，其进水量应无有害影响

10. 工作制

电机的工作制分类是对电机承受负载情况的说明，它包括启动、电制动、空载、断能停转以及这些阶段的持续时间和先后顺序，工作制分为以下 9 类。

S1	连续工作制	在恒定负载下的运行时间足以达到热稳定
S2	短时工作制	在恒定负载下按给定的时间运行，该时间不足以达到热稳定，随之即断能停转足够时间，使电机再度冷却到与冷却介质温度之差在 2 K 以内
S3	断续周期工作制	按一系列相同的工作周期运行，每一周期包括一段恒定负载运行时间和一段断能停转时间。这种工作制中的每一周期的启动电流不致对温升产生显著影响
S4	包括启动的断续周期工作制	按一系列相同的工作周期运行，每一周期包括一段对温升有显著影响的启动时间、一段恒定负载运行时间和一段断能停转时间
S5	包括电制动的断续周期工作制	按一系列相同的工作周期运行，每一周期包括一段启动时间、一段恒定负载运行时间、一段快速电制动时间和一段断能停转时间
S6	连续周期工作制	按一系列相同的工作周期运行，每一周期包括一段恒定负载运行时间和一段空载运行时间，但无断能停转时间
S7	包括电制动的连续周期工作制	按一系列相同的工作周期运行，每一周期包括一段启动时间、一段恒定负载运行时间和一段快速电制动时间，但无断能停转时间
S8	包括变速变负载的连续周期工作制	按一系列相同的工作周期运行，每一周期包括一段在预定转速下恒定负载运行时间，和一段或几段在不同转速下的其他恒定负载的运行时间，但无断能停转时间
S9	负载和转速非周期性变化工作制	负载和转速在允许的范围内变化的非周期工作制。这种工作制包括经常过载，其值可远远超过满载

S1 为连续工作制，S2 为短时工作制，S3~S8 为各种不同周期的工作制，S9 为非周期变化工作制。各种工作制主要用于电动机，其中 S1、S2 也适用于发电机。

11. 功率因数

功率因数是指电源功率被利用的程度。

12. 接法

电动机定子三相绕组与交流电源的连接方法：小型电机（3 kW 以下）大多采用星形（Y）接法，大中型电机（4 kW 以上）采用三角形（△）接法。

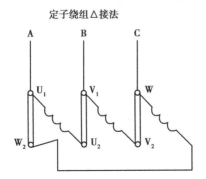 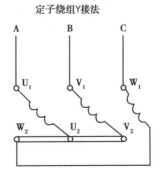

七、接触器的原理及图示

接触器是一种用于频繁地接通或断开交直流主电路、大容量控制电路等大电流电路的自动切换电器。在功能上，接触器除能自动切换外，还具有手动开关所缺乏的远距离操作功能和零压及欠压保护功能，但没有自动开关所具有的过载和短路保护功能。接触器生产方便，成本低，主要用于控制电动机、电热设备、电焊机、电容器组等，是电力拖动自动控制电路中使用最广泛的一种低压电器元件。按接触器所控制的电流种类可分为交流接触器和直流接触器两种。

交流接触器的工作原理如下图所示。

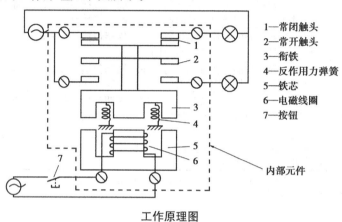

1—常闭触头
2—常开触头
3—衔铁
4—反作用力弹簧
5—铁芯
6—电磁线圈
7—按钮

内部元件

工作原理图

按钮 7 在断开位置，交流接触器处于不得电的状态——常态，它的常闭触头闭合，常开触头断开。按下按钮 7，电磁线圈 6 得电，电磁机构产生电磁力吸动衔铁，衔铁 3 向下运动，带动触头动作（反作用力弹簧被压缩）。常闭触头断开，常开触头闭合。松开按钮 7，电磁线圈断电，电磁铁电磁力消失，衔铁在反作用力弹簧 4 的作用下向上运动回到常态位置，常开触头断开、常闭触头复位。可以把交流接触器理解为一个由电磁铁控制的多触头开关。其图形符号和文字符号如后图所示。

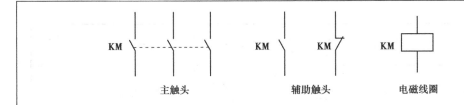

主触头　　　　　　　辅助触头　　　　　　电磁线圈

注意：

①主回路触点的额定电流应大于或等于被控设备的额定电流，控制电动机的接触器还应考虑电动机的启动电流。为了防止频繁操作的接触器主触点烧蚀，频繁动作的接触器额定电流可降低使用。

②接触器的电磁线圈额定电压有 36 V、110 V、220 V、380 V 等，电磁线圈允许在额定电压的 80% ~ 105% 使用。

八、电器元件符号

类别	名　称	图形符号	文字符号	类别	名　称	图形符号	文字符号
变压器	单相变压器		TC	接插器	插头和插座	或	X 插头 XP 插座 XS
	三相变压器		TM	互感器	电流互感器		TA
灯	信号灯（指示灯）	⊗	HL		电压互感器		TV
	照明灯	⊗	EL		电抗器		L

续表

类别	名　称	图形符号	文字符号	类别	名　称	图形符号	文字符号
接触器	线圈操作器件		KM	时间继电器	延时闭合的常开触头	或	KT
	常开主触头		KM		延时断开的常闭触头	或	KT
	常开辅助触头		KM		延时闭合的常闭触头	或	KT
	常闭辅助触头		KM		延时断开的常开触头	或	KT
热继电器	热元件		FR	中间继电器	线圈		KA
	常闭触头		FR		常开触头		KA
时间继电器	通电延时（缓吸）线圈		KT		常闭触头		KA
	断电延时（缓放）线圈		KT	电流继电器	过电流线圈		KA
	瞬时闭合的常开触头		KT		欠电流线圈		KA
	瞬时断开的常闭触头		KT		常开触头		KA

续表

类别	名 称	图形符号	文字符号	类别	名 称	图形符号	文字符号
电流继电器	常闭触头		KA	电磁操作器	电磁离合器		YC
电压继电器	过电压线圈	$U>$	KV		电磁制动器		YB
	欠电压线圈	$U<$	KV		电磁阀		KV
	常开触头		KV		三相笼型异步电动机		M
	常闭触头		KV	电动机	三相绕线转子异步电动机		M
非电量控制的继电器	速度继电器常开触头	n	KS		他励直流电动机		M
	压力继电器常开触头	P	KP		并励直流电动机		M
熔断器	熔断器		FU		串励直流电动机		M
电磁操作器	电磁铁的一般符号	或	YA	发电机	发电机		G
	电磁吸盘	×	YH		直流测速发电机		TG

电工技术

续表

类别	名称	图形符号	文字符号	类别	名称	图形符号	文字符号
开关	单极控制开关		SA		常开触头		SQ
	手动开关一般置符号		SA		常闭触头		SQ
	三极控制开关		QS		复合触头		SQ
	三极隔离开关		QS		常开按钮		SB
	三极负荷开关		QS		常闭按钮		SB
	组合旋钮开关		QS		复合按钮		SB
	低压断路器		QF		急停按钮		SB
	控制器或操作开关		SA		钥匙操作式按钮		SB

九、热继电器

热继电器结构如下图所示。

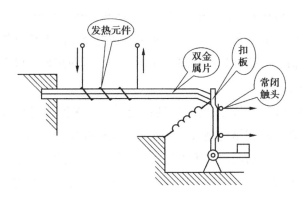

工作原理：

发热元件接入电机主电路，若长时间过载，双金属片被烤热。因双金属片的下层膨胀系数大，使其向上弯曲，扣板被弹簧拉回，常闭触头断开，常开触头常闭。

热继电器的符号：

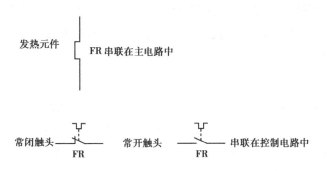

十、低压断路器的选择和应用

1. 概述

低压断路器（曾称自动开关）是一种不仅可以接通和分断正常负荷电流和过负荷电流，还可以接通和分断短路电流的开关电器。低压断路器在电路中除起控制作用外，还具有一定的保护功能，如过负荷、短路、欠压和漏电保护等。低压断路器可以手动直接操作和电动操作，也可以远方遥控操作。

低压断路器的分类方式很多，按使用类别：选择型（保护装置参数可调）和非选择型（保护装置参数不可调）；按结构型式：万能式（又称框架式）和塑壳式断路器；按灭弧介质：空气式和真空式（目前国产多为空气式）；按操作方式：手动操作、电动操作和弹簧储能机械操作；按极数：单极式、二极式、三极式和四极式；按安装方式：固定式、插入式、抽屉式和嵌入式等。低压断路器容量范围很大，最小为 4 A，最大可达 5000 A。

2. 低压断路器的主要技术特性参数

我国低压电器标准规定低压断路器应有下列特性参数。①型式：断路器型式包括相数、极数、额定频率、灭弧介质、闭合方式和分断方式。②主电路额定值：a.额定工作电压；b.额定电流；c.额定短时接通能力；d.额定短时耐受电流。万能式断路器的额定电流还分主电路的额定电流和框架等级的额定电流。③额定工作制：断路器的额定工作制可分为 8 h 工作制和长期工作制两种。

3. 断路器的选用

额定电流在 600 A 以下，且短路电流不大时，可选用塑壳断路器；额定电流较大，短路电流亦较大时，应选用万能式断路器。一般选用原则为：①断路器额定电流 ≥ 负载工作电流；②断路器额定电压 ≥ 电源和负载的额定电压；③断路器脱扣器额定电流 ≥ 负载工作电流；④断路器极限通断能力 ≥ 电路最大短路电流；⑤线路末端单相对地短路电流断路器瞬时（或短路时）脱扣器整定电流 ≥ 1.25 A；⑥断路器欠电压脱扣器额定电压 = 线路额定电压。

十一、熔断器熔芯的额定电流的选择

（1）对于负载电流比较平稳，没有冲击电流的短路保护，熔芯的额定电流应等于或稍大于负载的工作电流。例如：一般照明或电阻炉负载。

（2）对于一台不频繁启动且启动时间不长的电动机的短路保护：$I_{RN}=I_{ST}/（2.5\sim3）（A）$

I_{RN}：熔芯的额定电流；I_{ST}：电动机的启动电流。

（3）对于多台电动机的短路保护：$I_{RN}=I_{ST\,max}/（2.5\sim3）+\sum I_{N}（A）$

$I_{ST\,max}$：最大一台电动机的启动电流；$\sum I_{N}$：其余电动机的额定电流之和。

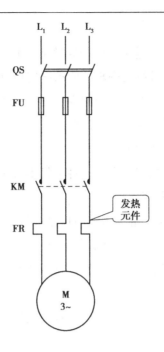

　　电机工作时，若因负载过重而使电流增大，但又比短路电流小时，熔断器不起保护作用，应加热继电器，进行过载保护。

十二、控制电路的设计

随着科学的发展与和谐社会的进步，生产规模化、电气化的要求越来越高，生产过程的电气控制将更加普遍和完善。科技的进步，要求电气控制电路必须满足生产机械加工工艺的要求。为此，在设计前必须对生产机械的主要工作性能、结构特点及实际运作情况等有充分了解，做到有的放矢。下面分四个步骤来说明。

1. 电气控制电路的电流种类与电压数值

①对于比较简单的交流控制电路，电气元件数目不太多，往往直接采用交流 380 V 或 220 V 电压，而无须采用控制电源变压器。

②对于比较复杂的交流控制电路，均采用控制电源变压器的方法，将控制电压降到 220 V、110 V、48 V、36 V 和 24 V 等，依情况具体确定。

③对于操作比较复杂的直流电气控制电路，常用 220 V、110 V、48 V 或 24 V 直流电流供电。

④对于只能使用低电压的电子线路和电子装置的电气控制电路，则可采用其他的低电压数值。

2. 电气控制原理图的设计

在设计电气控制原理图时，根据控制对象和控制任务的不同，把控制电路划分为若干控制环节，逐一进行设计。然后根据各环节之间的联锁要求和相互联系，综合成完整的控制电路。其步骤有：

①设计各个环节的主电路及其控制电路。

②设计各执行电气控制电路。

③根据各个环节之间的联锁条件进行设计综合。

④进行信号电路、照明电路及保护电路等的设计。

⑤对所设计的电路进行检查、修正、测试和完善。

3. 电气控制电路设计的一般原则

①最大限度地实现生产机械和工艺对电气控制线路的要求。

②在满足生产要求的前提下，力求使控制线路简单、经济。

③保证控制线路工作的可靠和安全。

④操作和维修方便。

一般应做到：

一是电气元件要正确连接。设计时要求：在交流控制电路中不允许两个电气线圈串联，应将两个电气线圈并联在电路中，以免发生误动作。在触头的连接上，应尽量使分布在线路不同位置的同一电气触头都接到同一极或同一相上，以免在触头上引起短路。

二是尽量减少触头数，缩短连接导线。前者可以提高电气控制电路工作的可靠性，后者则可以简化电路的接线工作。

三是防止寄生电路。所谓的寄生电路是指控制电路在正常工作或事故情况下，发生意外接通的电路。设计控制电路时应保证没有寄生电气设备，以免破坏电气设备和线路的工作顺序，造成误动作。

四是在设计控制电路中应尽量避免许多电气设备依次动作才能接通一个电气设备的现象，因为这样只要其中一个电气触头发生故障时，电路就不能正常工作。

五是在设计频繁操作的可逆控制电路时，为保证电路工作的可靠性，正、反接触器的控制回路中，电气联锁和机械联锁要双重并用。

六是设计的电路应该能够适应所在电网的情况。

七是继电气触头控制接触器线圈时，如果容量差异过大，必要时要采用中间继电器的过渡环节，以保证电路可靠工作。

八是设计者（特别是初学设计者）应尤其注意，不论是继电器还是接触器，即使是同类触头，其动作或复位时间也是有差异的。

九是保证电气控制电路的安全性。电气控制电路就是在发生事故的情况下，亦应能保证操作人员、电气设备、生产机械的安全，并能有效制止事故的扩大，即使出现误操作也不至于造成事故。为此，在设计电路时，为了避免线路故障引起事故的可能性，必须在电路中采取一定的保护措施，以确保安全。常用的保护措施有采用漏电保护开关的自动切断电源保护、短路保护、过载保护、失压保护、联锁保护、行程保护、过容保护及极限位置保护等。

4.电气控制电路设计的一般方法

电气控制电路的设计，常用的有经验设计法和逻辑设计法两种。

（1）经验设计法：就是根据生产机械对电气控制的要求，先设计出各个独立的控制电路，然后根据生产机械工艺要求，决定各部分电路之间的联锁关系，在满足生产机械控制要求的前提下，反复斟酌，力求获得最佳方案。

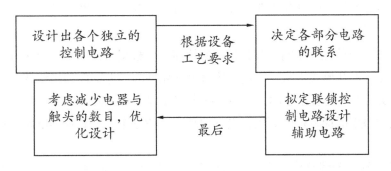

采用经验设计法设计电气控制系统，设计内容包括主电路、控制电路和辅助电路的设计。设计步骤如下。

①主电路设计：电动机启动、点动、正反转、制动及多速控制要求。

②控制电路设计：设计满足设备和设计任务要求的各种手动、自动的电气控制线路。

③辅助电路设计：完善控制电路的设计，包括短路、过流、过载、零压、联锁、限位等电路保护措施，以及信号指示和照明等电路。

反复审核设计：根据设计原则审核电气控制电路图，必要时进行模拟实验，修改和完善电路设计，直至符合设计要求。

经验设计在具体操作过程中有两种途径。其一是根据生产工艺要求与工艺过程，把现成的典型环节结合起来，加以补充修改、综合完善成所需的控制电路；其二是在没有现成典型环节运用的情况下，依据生产机械工艺要求逐步进行设计，采用边分析、边画图的方法达到完成设计任务的目的。经验设计法广泛应用于一般较简单的电气控制电路的设计中，掌握较多的典型环节和电路，具有丰富的实践经验对设计工作大有益处，通过不断实践是能够较快掌握这一设计方法的。

（2）逻辑设计法

逻辑设计法就是用真值表和逻辑代数式相结合，对控制电路进行综合构思设计的一种方法。逻辑设计法的设计步骤：①按工艺要求画出工作循环图。②决定执行元件与检测元件，做出执行元件动作节拍和检测元件状态表。③根据检测元件状态表写出各程序的特征码，并确定待相区分组，设置中间记忆元件，使各待相区分组所有程序皆可区分。④列出中间记忆元件、开关逻辑函数式及执行元件动作逻辑函数式，进而画出相应的电路结构图。⑤对画出的电路图进行检查、简化和完善。逻辑设计法比较麻烦且不好掌握，一般只适用于比较复杂的电气控制电路的设计。

十三、电动机基本控制线路图的绘制

电气控制系统图一般有三种：电气原理图、电气安装接线图和电气平面布置图。由于它们的用途不同，绘制原则也有差别。根据学习的实际需要，这里重点介绍电气原理图。

1.电气原理图

电气原理图的目的是便于阅读和分析控制线路，应根据结构简单、层次分明清晰的原则，采用电气元件展开形式绘制。它包括所有电气元件的导电部件和接线端子，但并不按照电气元件的实际布置位置来绘制，也不反映电气元件的实际大小。

绘制电气原理图时应遵循的原则：电气原理图一般分主电路和辅助电路（控制电路）两部分。

主电路是电气控制线路中大电流通过的部分，包括从电源到电机之间相连的电气元件；一般由组合开关、主熔断器、接触器主触点、热继电器的热元件和电动机等组成。

辅助电路是控制线路中除主电路以外的电路，其流过的电流比较小的辅助电路包括控制电路、照明电路、信号电路和保护电路。其中控制电路是由按钮、接触器和继电器的线圈、辅助触点、热继电器触点、保护电器触点等组成。

电气原理图中所有电气元件都应采用国家标准中统一规定的图形符号和文字符号表示。

电气原理图中电气元件的布局，应按照便于阅读原则来安排。主电路安排在图面左侧或上方，辅助电路安排在图面右侧或下方。无论是主电路还是辅助电路，均按功能布置，尽可能按动作顺序从上到下、从左到右排列。

电气原理图中，当同一电气元件的不同部件（如线圈、触点）分散在不同位置时，为了表示是同一元件，要在电气元件的不同部件处标注统一的文字符号。同类元件，要在其文字符号后加数字序号来区别。如两个接触器，可用 KM_1、KM_2 文字符号区别。

电气原理图中，所有电气的可动部分均按没有通电或没有外力作用时的状态画出。

继电器、接触器的触点，按其线圈不通电时的状态画出，控制器按手柄处于零位时的状态画出；按钮、行程开关等触点按未受外力作用时的状态画出。

电气原理图中，应尽量减少线条和避免线条交叉。各导线之间有电的联系时，在导线交点处画实心圆点。根据图面布置需要，可以将图形符号旋转绘制，一般逆时针方向旋转90°，但文字符号不可倒置。

2.电气安装接线图

安装接线图是根据电气设备和电气元件的实际位置和安装情况绘制的，只用来表示电气设备和电气元件的位置、配线方式和接线方式，而不明显表示电气动作原理。绘制、识读安装接线图应遵循以下原则。

①安装接线图中一般标出如下内容：电气设备和电气元件的相对位置、文字符号、端子号、导线号、导线类型、导线截面积、屏蔽和导线绞合等。

②所有电气设备和电气元件都按其所在的实际位置绘制在图纸上，且同一电气的各元件根据其实际结构，使用与电路图相同的图形符号画在一起，并用点画线框上，其文字符号以及接线端子的编号应与电路图中的标注一致，以便对照检查接线。

③接线图中的导线有单根导线、导线组（或线扎）、电缆等之分，可用连续线或中断线来表示。凡导线走向相同的可以合并，用线束来表示，到达接线端子板或电气元件的连接点时再分别画出。在用线束表示导线组、电缆时可用加粗的线条表示，在不引起误会的前提下也可采取部分加粗。另外，导线及管子的型号、根数和规格应标注清楚。

3.电气平面布置图

电气平面布置图是电气元件在控制板上的实际安装位置，采用简化的外形符号（如正方形、矩形、圆形等）而绘制的一种简图。它不表达各电气的具体结构、作用、接线情况及工作原理，主要用于电气元件的布置和安装。图中各电气的文字符号必须与电路图和接线图的标注相一致。

十四、控制电路常用符号

1.电机与变压器

名　称	电路符号	名　称	电路符号
电机的一般符号， ★必须用字母代替 G 发电机 M 电动机 SM 伺服电机		步进电动机	
同步电动机	MS	直流串激电动机	
三相鼠笼式异步电动机	M 3~	直流并激电动机	
三相绕线式电动机	M 3~	单项（双绕组）变压器	或
直线运动电动机	M	三相变压器	或

2.保护电气

名 称	电路符号	名 称	电路符号
熔断器	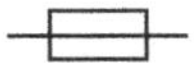	电机保护开关（热继电器和电磁脱扣过载保护）	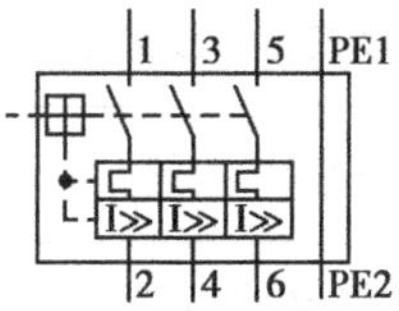
热继电器热脱扣元件（三相过载保护）	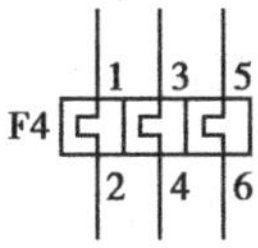	接地	
热继电器常闭触头元件（自动复位）	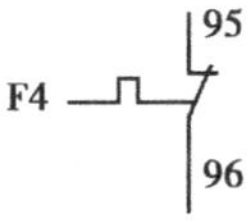	保护接地	
热继电器常闭触头元件（手动复位）	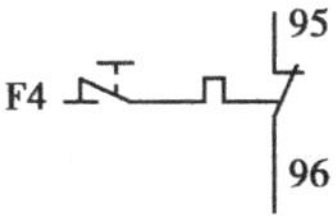	接地体	

3.信号元件

名 称	电路符号	名 称	电路符号
指示灯		锣、撞钟	
脉冲频闪信号灯	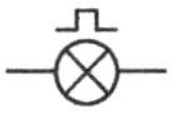	汽笛	
喇叭、警笛	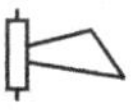	蜂鸣器	
电铃			

4. 指令开关元件

名　称	电路符号	名　称	电路符号
手动按钮一般符号	├-----	急停按钮开关	╟-----
拉操作按钮	┐-----	钥匙操作开关	⎈-----
旋转操作按钮	┟-----	滚轮操作开关	○-----
推操作按钮	E-----	电磁操作开关	⊏⊐-----
拨动操作按钮	╤-----	电动操作开关	Ⓜ-----
接近开关	◇-----	插卡操作开关	()-----
触摸开关	◁-----	没有自动复位功能符号	--∨--

5. 接触器、继电器

名　称	电路符号	名　称	电路符号
接触器、继电器线圈	⊏⊐	接触器、继电器常闭触头符号	
通电延时继电器线圈	⊏⊠	时间继电器触头 1. 瞬时断开延时闭合 2. 瞬时闭合延时断开	1.　　　2.
断电延时继电器线圈	⊏■⊐	时间继电器触头 1. 瞬时闭合延时断开 2. 瞬时断开延时闭合	1.　　　2.
接触器、继电器常开触头符号		终端限位开关 1. 常开 2. 常闭	1.　　　2.

6.电工常用器件/仪器字母标示符号

符 号		名 称	符 号		名 称	符 号	名 称
R	R	电阻器	H	HL	灯	RT	热敏电阻
L	L	电感器	G	GB	电池	ROS	光敏电阻
C	C	电容器	F	FA	避雷器	CP	电力电阻
L	L	电抗器	W	WB	母线	LSR	定子烧组
RP	RP	电位器		PE	保护接地	LRR	转子绕组
G	G	发电机		PEN	保护接地与中性公用	LS	启动绕组
M	MG	电动机				TC	控制变压器
M	MG	励磁机		PA	电流表	TIS	隔离变压器
A	A	放大器		A	安培表	PCO	示波器
L	LC	绕组或线圈		mA	毫安表		
T	T	变压器		μA	微安表		
T	TA	电流互感器		kA	千安表		
T	TV	电压互感器		PV	电压表		
P	PM	测量仪表		V	伏特表		
RA	RA	分流器		mV	毫伏表		
RV	RV	分压器		kV	千伏表		
A	AB	电桥		PJ	电度表		
S		开关		W	瓦特表		
S	SK	电键		kW	千瓦表		
S	SB	按钮		var	乏表		
Q	QF	断路器		Wh	瓦时表		
F	FU	熔断器		Ah	安时表		
K	KA	继电器		Varh	乏时表		
K	KM	接触器		Hz	频率表		
K	KS	启动器		cosφ	功率表		
A	QC	控制器		φ	相位表		
A	AR	调节器		n	转速表		
V	VT	晶体管		T	温度表		
V	VE	电子管					
U	UR	整流器					
B	BS	传声器					
S	SS	扬声器					
K	KT	选择器					
Z	ZF	滤波器					

电工技术

1	评分表	工作形式 □个人 □小组分工 □小组		他人评分 □是 □否		实际工作时间		
	评分范围：10-9-7-6-0	评分结果				项目系数	学生自评	教师评分
	评分标准	评 分		项目分				
		学生自评	教师评分	项目系数	学生自评	教师评分			
2	一、信息资料和计划阶段 1. 练习要求 2. 练习目的 3. 工作计划 4. 材料清单和工具清单			0.3 0.2 0.2 0.3					
	合　计			1.0			0.3		
	二、实施阶段 1. 常用低压电器的结构和原理 2. 元器件的标注 3. 导线与端子排的整型 4. 工具的摆放和工作台的整洁性			0.2 0.2 0.3 0.3					
	合　计			1.0			0.2		
	三、导线连接与固定 1. 导线的选择 2. 导线的绝缘 3. 导线的固定 4. 控制柜的连接			0.2 0.3 0.2 0.3					
	合　计			1.0			0.2		
	四、功能测试阶段 1. 控制功能与灯的显示 2. 功能描述及各种参数的确定 3. 故障的分析与排除 4. 安全保护措施			0.3 0.2 0.3 0.2					
	合　计			1.0			0.3		
	总　分						1.0		
3	练习总结：								
4	学生签名及学号： 教师签字：								

任务三 自锁正转控制线路

一、任务目标

知识目标：

①读懂电气符号；

②理解电气元件的规格，电缆线及导线；

③会分析控制电路原理图；

④熟悉工具和万用表的正确使用及注意事项；

⑤安全知识。

技能目标：

①熟悉电气控制线路原理图；

②熟悉电气元件的结构和规格参数；

③掌握点动 / 自锁控制电路；

④分清导线颜色及各自应用范围；

⑤学会正确接线；

⑥学会使用万用表，检查并排除线路故障。

二、任务内容

①正转控制线路；

②自锁正转控制线路。

三、任务功能

①交流接触器自锁交流异步电机连续正转；

②通过交流接触器控制交流异步电机的启动与停止；

③具有短路保护，信号灯显示不同的工作状态。

四、任务过程

①获取资料；

②计划；

③决策；

④实施；

⑤检查；

⑥评估。

五、任务用时

30 学时。

一、订单说明

要求给下面示意图中栏杆门安装一个带操作台的开关柜（配电柜），并按客户要求设计布线。

二、示意图

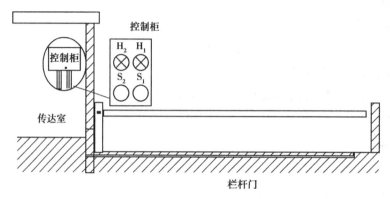

三、客户订单要求的功能说明

用按钮 S_1 "开门" 让栏杆上抬，信号灯 H_1 发出指示。

用按钮 S_2 "停止" 让栏杆停止上抬，信号灯 H_2 发出指示。

设备应有短路保护、过载保护。

序号	工作步序		注意事项
1	熟悉练习资料，了解练习内容与目的	1	检查资料是否齐全，字迹是否清晰
		2	全面熟悉练习资料
		3	根据原理画布局图及原理图
2	列材料清单并领取材料	1	材料要列全
		2	检查材料的数量与质量
		3	详细列出材料的规格型号
		4	节省材料使其不缺损
3	按专业要求布局元器件并标注	1	根据图纸要求布局
		2	尽量按比例布局
		3	注意标注一致性贴放
4	按专业要求接线	1	分清导线的颜色
		2	电缆线和导线的可靠绝缘
		3	冷压端头的正确固定
		4	注意接线牢固
5	断电时检查线路	1	注意万用表的正确使用
		2	正确判断电路的好坏
		3	熟悉电路原理图和接线图
6	功能测试	1	必须得到老师的同意
		2	注意安全
		3	按电路要求检测功能
7	总结	1	要按图纸比例布局
		2	掌握点动自锁控制线路
		3	态度要认真

材料清单

序号	名　称	规格型号	数　量	备　注
1	网孔板	800 mm × 800 m		
2	控制线槽	PXC–40 mm × 40 mm		
3	控制线槽	PXC–25 mm × 40 mm		
4	启动按钮	MOELLER		
5	停止按钮	MOELLER		
6	熔断器座	RT18–32X3/32 A/380 V		
7	熔断器座	RT18–32/32 A/380 V		
8	熔断体	2A φ 10 × 38 mm		
9	熔断体	6A φ 10 × 38 mm		
10	接触器（AC220V）	3TB41 22–OX		
11	端子	UK5N		
12	端子	UK10N		
13	软导线 <Red>	RV1 × 0.75 mm²		
14	软导线 <Black>	RV1 × 1.5 mm²		
15	终端固定器	E–UK		
16	PP 缠绕管	φ 6 mm		
17	分组隔板	ATP–UK		
18	导轨	35 mm × 6 mm		
19	导轨	15 mm × 6 mm		
20	三相五线插头	16 A–6 h		
21	接地端子	USLKG5N		
22	接地端子	USLKG6N		
23	桥连接	FBI–6		
24	配电柜	300 mm × 140 mm × 400 mm		
25	终端板	D–UK4/10		
26	终端板	D–UK16		
27	控制电缆线	RVV15 × 0.75 mm²		
28	捆扎带	3 mm × 100 mm		
29	地线	RV1 × 1.5 mm²		
30	弹性垫片	φ 4 mm		
31	指示灯泡	220 V		
32	指示灯	MOELLER		

材料清单

序 号	名 称	规格型号	数 量	备 注
33	快速标记条	ZB6		
34	快速标记条	ZB10		
35	螺栓	M4 × 30 mm		
36	螺栓	M4 × 20 mm		
37	螺母	M4		
38	垫片	ϕ 4 mm		
39	电缆线	RVV5 × 1.5 mm^2		
40	电缆线	RVV5 × 2.5 mm^2		
41	冷压端头	GTJ07508Yellow		
42	冷压端头	GTJ07508Red		
43	冷压端头	GTJ07508Black		
44	冷压端头	GTJ1508Yellow		
45	冷压端头	GTJ1508Black		
46	冷压端头	GTJ2508Black		
47	冷压端头	GTJ2508Blue		
48	冷压端头	GTJ2508Yellow		
49	冷压端头	OTJ1.5–4Yellow		
50	捆扎带	5 mm × 200 mm		
51	吸盘定位片	25 mm × 25 mm		

		工具清单		
序 号	名 称	规格型号	数 量	备 注
1	数字万用表	Vc9806	1	VICTOR
2	剥线钳	—	1	RS
3	压线钳	8″	1	SATA
4	斜口钳	160 mm	1	SATA
5	电工扁钳	125 mm	1	SATA
6	老虎钳	205 mm	1	SATA
7	毛刷	130 mm	1	—
8	一字起	3.5 × 75 mm	1	RS
9	十字起	1 × 100 mm	1	RS
10	一字起	4 × 100 mm	1	RS
11	锯弓	12″	1	SATA
12	什锦锉	160 mm，10 件 / 套	1	SATA
13	细锉	150 mm	1	SATA
14	呆扳手	6 × 7 mm	1	SATA
15	卷尺	L16–35 3.5 m	1	—
16	电缆刀		1	WURTH

网孔板平面安装布局示意图

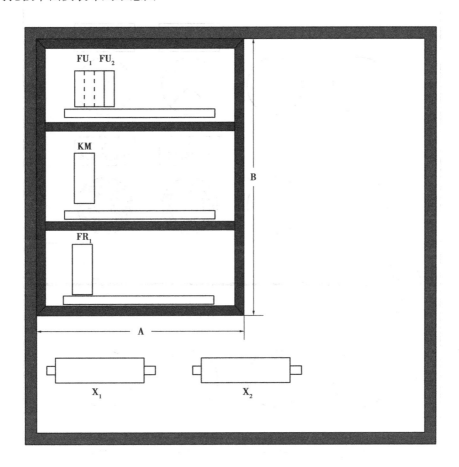

其中：A=400　　　　　　　　B=600

（单位：mm）

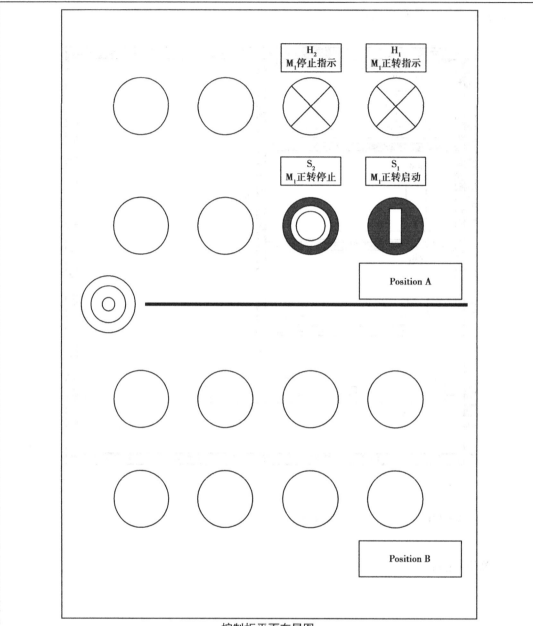

控制柜平面布局图

电气符号说明

1	H_1	M_1 正转指示
2	H_2	M_1 停止指示
3	S_1	M_1 正转启动
4	S_2	M_1 正转停止

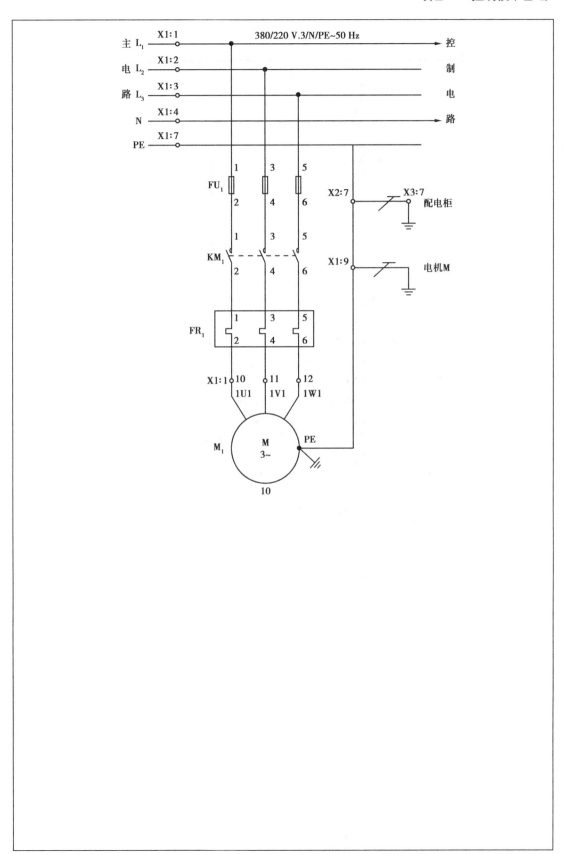

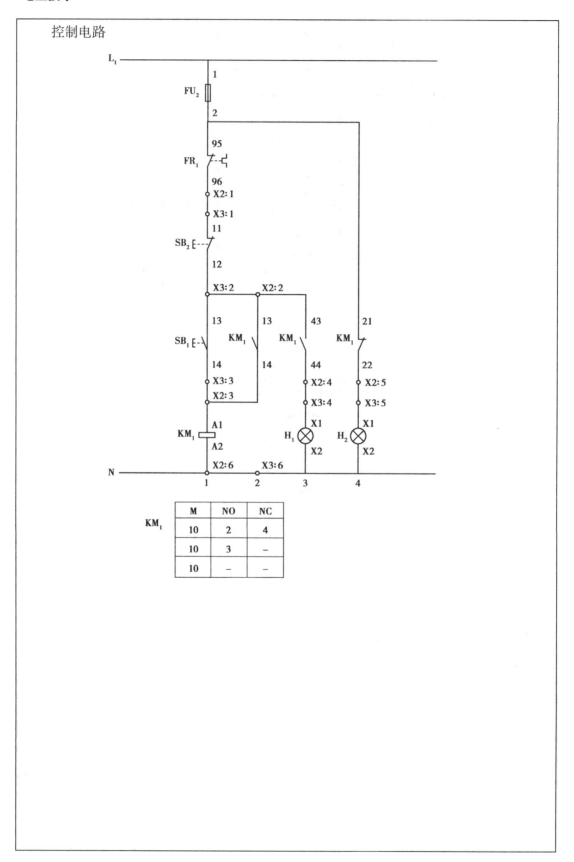

控制电路

KM₁	M	NO	NC
	10	2	4
	10	3	—
	10	—	—

线路的工作原理：

接通电源 ⟶ M_1停止，指示灯H_2亮

1.启动

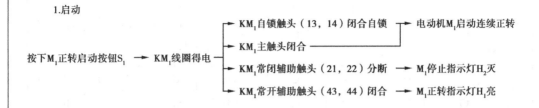

按下M_1正转启动按钮S_1 ⟶ KM_1线圈得电

⟶ KM_1自锁触头（13，14）闭合自锁 ⟶ 电动机M_1启动连续正转
⟶ KM_1主触头闭合
⟶ KM_1常闭辅助触头（21，22）分断 ⟶ M_1停止指示灯H_2灭
⟶ KM_1常开辅助触头（43，44）闭合 ⟶ M_1正转指示灯H_1亮

2.停止

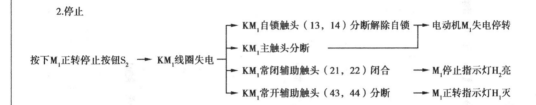

按下M_1正转停止按钮S_2 ⟶ KM_1线圈失电

⟶ KM_1自锁触头（13，14）分断解除自锁 ⟶ 电动机M_1失电停转
⟶ KM_1主触头分断
⟶ KM_1常闭辅助触头（21，22）闭合 ⟶ M_1停止指示灯H_2亮
⟶ KM_1常开辅助触头（43，44）分断 ⟶ M_1正转指示灯H_1灭

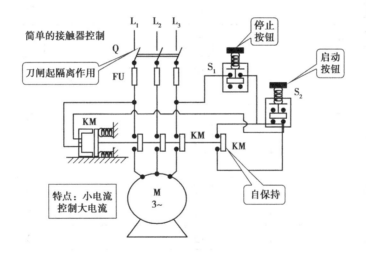

端子排编号

端子排 X1 范围	连接桥	端子编号	端子排 X1 范围	端子排 X2 范围	连接桥	端子编号	端子排 X2 范围	端子排 X3 范围	接桥	端子编号	端子排 X3 范围
L₁	○	1	QF: 1	FR₁: 96	○	1	X3: 1	X2: 1	○	1	SB₂: 11
L₂	○	2	QF: 3	KM: 13	○	2	X3: 2	X2: 2	○	2	SB₂: 12
L₃	○	3	QF: 5	KM: 14	○	3	X3: 3	X2: 3	○	3	SB₁: 14
N	■	4	KM: A2	KM: 44	○	4	X3: 4	X2: 4	○	4	H₁: X1
	■	5		KM: 22	○	5	X3: 5	X2: 5	○	5	H₂: X1
	■	6		KM: A2	■	6	X3: 6	X2: 6	■	6	H₁: X2
PE	◉	7	网孔板	网孔板	◉	7	X3: 7	X2: 7	◉	7	配电柜
	◉	8			○				○		
M: PE	◉	9			○				○		
M: 1U1	○	10	FR: 2		○				○		
M: 1V1	○	11	FR: 4		○				○		
M: 1W1	○	12	FR: 6		○				○		
	○	13			○				○		
	○				○				○		
	○				○				○		
	○				○				○		
	○				○				○		
	○				○				○		
	○				○				○		
	○				○				○		
	○				○				○		
	○				○				○		
	○				○				○		
	○				○				○		
	○				○				○		

1. 怎样选择交流接触器。

2. 拆一个交流异步电动机并简述它的内部结构及铭牌参数。

3. 拆一个交流接触器并简述它的内部结构及铭牌参数。

用万用表测量下表中测量点之间的电压，并将测量值填写在表格里。

测量点	测量点	测量值	测量点	测量点	测量值
X1：1	X1：2		X2：1	X2：6	
X1：1	X1：3		X3：1	X3：6	
X1：2	X1：3		X2：2	X2：6	
X1：1	X1：4		X2：4	X2：6	
X1：2	X1：4				
X1：3	X1：4				
X1：4	X1：6				

故障记录

故障 1　现象_____

　　　　可能原因　①_____

　　　　　　　　　②_____

　　　　　　　　　③_____

　　　　实际原因_____

　　　　措施_____

故障 2　现象_____

　　　　可能原因　①_____

　　　　　　　　　②_____

　　　　　　　　　③_____

　　　　实际原因_____

　　　　措施_____

故障 3　现象_____

　　　　可能原因　①_____

　　　　　　　　　②_____

　　　　　　　　　③_____

　　　　实际原因_____

　　　　措施_____

故障 4　现象_____

　　　　可能原因　①_____

　　　　　　　　　②_____

　　　　　　　　　③_____

　　　　实际原因_____

　　　　措施_____

姓名及学号：　　　　　　　　　被排除网孔板学号：

得分：

電工技術

1	評分表	工作形式 □个人 □小组分工 □小组		他人评分 □是 □否		实际工作时间		
	评分范围：10-9-7-6-0	评分结果				项目系数	学生自评	教师评分
	评分标准	评 分		项目分				
		学生自评	教师评分	项目系数	学生自评	教师评分		
2	一、计划阶段 1. 工作计划 2. 材料清单 3. 电路图的设计 4. 图纸的完整性（包括布局图和端子图）			0.3 0.2 0.2 0.3				
	合　计			1.0		0.3		
	二、实施阶段 1. 元器件、走线槽的安装布局和标注 2. 元器件的标注 3. 导线与端子排的整型 4. 工具的摆放和工作台的整洁性			0.2 0.2 0.3 0.3				
	合　计			1.0		0.2		
	三、导线连接与固定 1. 导线的选择 2. 导线的绝缘 3. 导线的固定 4. 控制柜的连接			0.2 0.3 0.2 0.3				
	合　计			1.0		0.2		
	四、功能测试阶段 1. 控制要求的实现 2. 功能描述及各种参数的确定 3. 故障的分析与排除 4. 安全保护措施			0.3 0.2 0.3 0.2				
	合　计			1.0		0.3		
	总　分					1.0		
3	练习总结：							
4	学生签名及学号： 教师签字：							

任务四　互锁正转控制线路

一、任务目标

知识目标

①熟悉电气符号；

②了解电气元件的规格，了解电缆线及导线；

③会分析控制电路原理图；

④掌握工具和万用表的正确使用及注意事项；

⑤熟知安全用电知识。

技能目标：

①熟悉电气控制线路原理图；

②熟悉电气元件的结构和规格参数；

③掌握互锁控制电路；

④分清导线颜色及各自应用范围；

⑤学会正确接线；

⑥学会使用万用表，能检查并排除线路故障。

二、任务内容

①热过载继电器控制线路；

②交流接触器互锁正转控制线路。

三、任务功能

①两个交流异步电动机不能同时工作；

②通过交流接触器进行控制交流异步电机的启动与停止；

③具有短路保护和热过载保护，信号灯显示不同的工作状态。

四、任务实施过程

①获取资料；

②计划；

③决策；

④实施；

⑤检查；

⑥评估。

五、任务用时

30学时。

一、订单说明

要求给下面示意图物料传送带安装一个带操作台的开关柜（配电柜），并按客户要求设计布线。

二、示意图

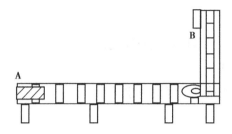

三、客户订单要求的功能说明

用按钮 S_1 让传送带 A 开始传送物料，信号灯 H_1 发出指示。

用按钮 S_2 让传送带 B 开始向上传送物料，信号灯 H_2 发出指示。

传送带 A 工作时，B 必须是停止的；传送带 B 工作时，A 必须是停止的。

用按钮 S_3 可以使传送带停止。

设备应有短路保护和热过载保护。

电机工作时，若因负载过重而使电流增大，但又比短路电流小时，熔断器起不了保护作用，应加热继电器，进行过载保护。

两台鼠笼式电机的控制——加联锁

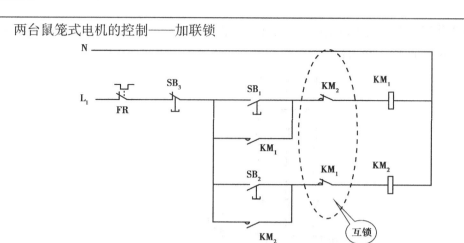

电气联锁（互锁）作用：M_1 正转时，SB_2 不起作用；M_2 转时，SB_1 不起作用。从而避免两接触器同时工作造成两个电机同时工作。

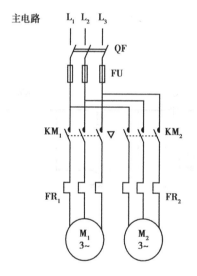

网孔板平面布局图：

配电柜平面布局图：

功能描述：

电工技术

主电路图：

控制电路：

电工技术

故障记录

故障 1　现象＿＿＿＿＿＿＿＿＿＿＿＿＿＿＿＿＿＿＿＿＿＿＿＿＿＿＿＿

　　　　　可能原因　①＿＿＿＿＿＿＿＿＿＿＿＿＿＿＿＿＿＿＿＿＿＿

　　　　　　　　　　②＿＿＿＿＿＿＿＿＿＿＿＿＿＿＿＿＿＿＿＿＿＿

　　　　　　　　　　③＿＿＿＿＿＿＿＿＿＿＿＿＿＿＿＿＿＿＿＿＿＿

　　　　　实际原因＿＿＿＿＿＿＿＿＿＿＿＿＿＿＿＿＿＿＿＿＿＿＿＿

　　　　　措施＿＿＿＿＿＿＿＿＿＿＿＿＿＿＿＿＿＿＿＿＿＿＿＿＿＿

故障 2　现象＿＿＿＿＿＿＿＿＿＿＿＿＿＿＿＿＿＿＿＿＿＿＿＿＿＿＿＿

　　　　　可能原因　①＿＿＿＿＿＿＿＿＿＿＿＿＿＿＿＿＿＿＿＿＿＿

　　　　　　　　　　②＿＿＿＿＿＿＿＿＿＿＿＿＿＿＿＿＿＿＿＿＿＿

　　　　　　　　　　③＿＿＿＿＿＿＿＿＿＿＿＿＿＿＿＿＿＿＿＿＿＿

　　　　　实际原因＿＿＿＿＿＿＿＿＿＿＿＿＿＿＿＿＿＿＿＿＿＿＿＿

　　　　　措施＿＿＿＿＿＿＿＿＿＿＿＿＿＿＿＿＿＿＿＿＿＿＿＿＿＿

故障 3　现象＿＿＿＿＿＿＿＿＿＿＿＿＿＿＿＿＿＿＿＿＿＿＿＿＿＿＿＿

　　　　　可能原因　①＿＿＿＿＿＿＿＿＿＿＿＿＿＿＿＿＿＿＿＿＿＿

　　　　　　　　　　②＿＿＿＿＿＿＿＿＿＿＿＿＿＿＿＿＿＿＿＿＿＿

　　　　　　　　　　③＿＿＿＿＿＿＿＿＿＿＿＿＿＿＿＿＿＿＿＿＿＿

　　　　　实际原因＿＿＿＿＿＿＿＿＿＿＿＿＿＿＿＿＿＿＿＿＿＿＿＿

　　　　　措施＿＿＿＿＿＿＿＿＿＿＿＿＿＿＿＿＿＿＿＿＿＿＿＿＿＿

故障 4　现象＿＿＿＿＿＿＿＿＿＿＿＿＿＿＿＿＿＿＿＿＿＿＿＿＿＿＿＿

　　　　　可能原因　①＿＿＿＿＿＿＿＿＿＿＿＿＿＿＿＿＿＿＿＿＿＿

　　　　　　　　　　②＿＿＿＿＿＿＿＿＿＿＿＿＿＿＿＿＿＿＿＿＿＿

　　　　　　　　　　③＿＿＿＿＿＿＿＿＿＿＿＿＿＿＿＿＿＿＿＿＿＿

　　　　　实际原因＿＿＿＿＿＿＿＿＿＿＿＿＿＿＿＿＿＿＿＿＿＿＿＿

　　　　　措施＿＿＿＿＿＿＿＿＿＿＿＿＿＿＿＿＿＿＿＿＿＿＿＿＿＿

姓名及学号：　　　　　　　　得分：

1	评分表	工作形式 □个人 □小组分工 □小组		他人评分 □是 □否		实际工作时间		
	评分范围：10-9-7-6-0	评分结果				项目系数	学生自评	教师评分
	评分标准	评 分		项目分				
		学生自评	教师评分	项目系数	学生自评	教师评分		
	一、计划阶段 1. 工作计划 2. 材料清单 3. 电路图的设计 4. 图纸的完整性（包括布局图和端子图）			0.3 0.2 0.2 0.3				
	合　计			1.0			0.3	
2	二、实施阶段 1. 元器件、走线槽的安装布局和标注 2. 元器件的标注 3. 导线与端子排的整型 4. 工具的摆放和工作台的整洁性			0.2 0.2 0.3 0.3				
	合　计			1.0			0.2	
	三、导线的连接与固定 1. 导线的选择 2. 导线的绝缘 3. 导线的固定 4. 控制柜的连接			0.2 0.3 0.2 0.3				
	合　计			1.0			0.2	
	四、功能测试阶段 1. 控制功能与灯的显示 2. 功能描述及各种参数的确定 3. 故障的分析与排除 4. 安全保护措施			0.3 0.2 0.3 0.2				
	合　计			1.0			0.3	
	总　分						1.0	
3	练习总结：							
4	学生签名及学号： 教师签字：							

任务五 顺序启动控制线路

一、任务目标

知识目标

①熟悉电气符号；

②了解时间继电器的工作原理，识记其图形符号；

③会分析控制电路原理图；

④掌握工具和万用表的正确使用及注意事项；

⑤懂得安全用电知识。

技能目标

①熟悉电气控制线路原理图；

②熟悉电气元件的结构和规格参数；

③掌握互锁控制电路；

④分清导线颜色及各自应用范围；

⑤学会正确接线；

⑥学会使用万用表，检查并排除线路故障。

二、任务内容

①带三相断路器、热过载继电器主控制线路；

②延时接通正转控制线路。

三、任务功能

①只有交流电动机 M_1 启动 10 s 后，M_2 才能启动；

②通过交流接触器控制交流异步电机的启动与停止；

③具有短路保护和热过载保护，信号灯显示不同的工作状态。

四、任务过程

①获取资料；

②计划；

③决策；

④实施；

⑤检查；

⑥评估。

五、任务用时

30 学时

一、订单说明

要求给下面示意图中物料传送设备安装一个带操作台的开关柜（配电柜），并按客户要求设计布线。

物料传送设备是将生产物料从 A 点传送到 C 点，再传送到下一环节。

二、示意图

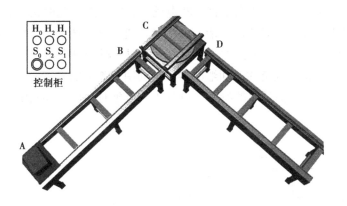

三、客户订单要求的功能说明

用按钮 S_1 "设备开"使 A 点开始传送物料，信号灯 H_1 "设备开"亮起。5 s 后到达 C 点，C 点传送带开始工作，将物料从 C 点传送到 D 方向。用按钮 S_2 "设备关"使设备关闭，信号灯 H_2 "设备关"亮起。设备应有短路保护和过载保护，还应具用紧急状况下的停止开关 S_0；非正常情况下的停止 H_0 "故障"亮起。

时间继电器

定义：自得到动作信号起至触头动作或输出电路产生跳跃式改变有一定延时时间，该延时时间又符合其准确度要求的继电器称为时间继电器。它广泛用于需要按时间顺序进行控制的电气控制线路中。

分类：按原理分主要有电磁式、电动式、空气阻尼式、晶体管式；按延时方式分为通电延时型、断电延时型。其中，电磁式结构简单，价格低廉，但体积和质量较大，延时较短（如 JT3 型只有 0.3~5.5 s），且只能用于直流断电延时；电动式的延时精度高，延时可调范围大（由几分钟到几小时），但结构复杂，价格贵。随着电子技术的发展，近年来晶体管式时间继电器的应用日益广泛；下面主要介绍空气阻尼式时间继电器。

空气阻尼式时间继电器又称气囊式时间继电器，是利用气囊中的空气通过小孔节流的原理来获得延时动作的。根据触头延时的特点，可分为通电延时动作型和断电延时复位型两种。

（1）型号及含义

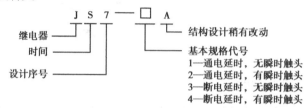

JS7——□A

继电器
时间
设计序号
结构设计稍有改动
基本规格代号
1—通电延时，无瞬时触头
2—通电延时，有瞬时触头
3—断电延时，无瞬时触头
4—断电延时，有瞬时触头

（2）结构

它由电磁系统、触头系统、空气室、传动机构和基座组成。

①电磁系统：由线圈、铁芯和衔铁组成。

②触头系统：包括两对瞬时触头（一常开，一常闭）和两对延时触头（一常开，一常闭），瞬时触头和延时触头分别是两个微动开关的触头。

③空气室：空气室为一空腔，由橡皮膜、活塞等组成。橡皮膜可随空气的增减而移动，顶部的调节螺钉可调节延时时间。

④传动机构：由推杆、活塞杆、杠杆及各种类型的弹簧等组成。

⑤基座：用金属板制成，用以固定电磁机构和气室。

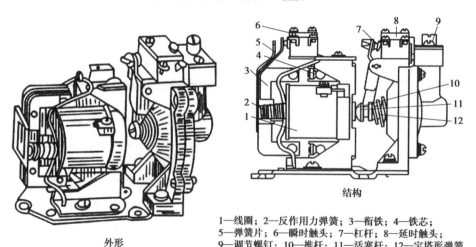

外形

结构

1—线圈；2—反作用力弹簧；3—衔铁；4—铁芯；
5—弹簧片；6—瞬时触头；7—杠杆；8—延时触头；
9—调节螺钉；10—推杆；11—活塞杆；12—宝塔形弹簧

（3）工作原理

● 通电延时型继电器

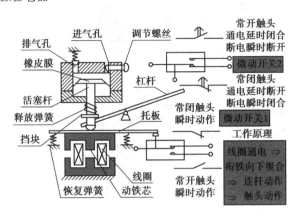

通电延时的空气式时间继电器结构示意图

当线圈通电后，铁芯产生吸力，衔铁与铁芯吸合，带动托板立即动作，压合微动开关1，使其常开触头瞬时闭合，常闭触头瞬时断开。同时活塞杆在释放弹簧的作用下向下移动，带动与活塞杆相连的橡皮膜向下运动，运动的速度受进气孔进气速度的限制。这时橡皮膜上面形成空气较稀薄的空间，与其下面的空气形成压力差，对活塞的移动产生阻尼作用。活塞杆带动杠杆只能缓慢的移动。经过一段时间，活塞才完成全部移动完成从而压动微动开关2，使其常闭触头断开，常开触头闭合。

由于从线圈通电到触头动作需延时一段时间，因此微动开关2的两对触头分别被称为延时闭合瞬时断开的常开触头和延时断开瞬时闭合的常闭触头。

这种时间继电器延时时间的长短取决于进气的快慢，旋动调节螺丝可调节进气孔的大小，即可达到调节延时时间长短的目的。

当线圈断电时，动铁芯在反力弹簧的作用下，通过活塞杆将活塞推向上端，这时橡皮膜上方腔内的空气通过橡皮膜、弱弹簧和活塞局部所形成的单向阀迅速从橡皮膜上的排气孔迅速排掉，使微动开关1、2的各对触头均瞬时复位。

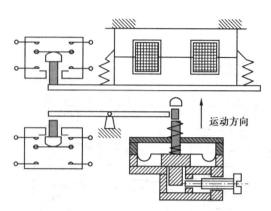

通电延时型时间继电器原理示意图

● 断电延时型时间继电器

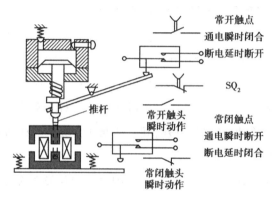

当线圈通电后，铁芯产生吸力，衔铁与铁芯吸合，托板压合微动开关 SQ_1，同时带动推杆立即动作，使活塞杆连同橡皮膜向上运动（迅速排气），杠杆释放微动开关 SQ_2，使其常开触头瞬时闭合，常闭触头瞬时断开。

当线圈断电时，动铁芯在恢复弹簧的作用下，托板释放微动开关 SQ_1，使其触头迅速复位，同时推杆立即复位，释放弹簧将活塞推向下端，使杠杆压合 SQ_2 使其复位。复位的速度取决于进气的快慢，旋动调节螺丝可调节进气孔的大小，即可达到调节延时时间长短的目的。

由于从线圈断电到触头恢复需延时一段时间，因此微动开关 2 的两对触头分别被称为瞬时闭合延时断开的常开触头和瞬时断开延时闭合的常闭触头。

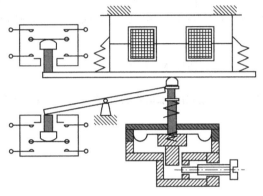

断电延时型时间继电器原理示意图

（4）优缺点

优点：延时范围较大（0.4~180 s），且不受电压和频率波动的影响；可以做成通电和断电两种延时形式；结构简单、寿命长、价格低。

缺点：延时误差大，难以精确地整定延时值，且延时值易受周围环境温度、尘埃等的影响。因此，对延时精度要求较高的场合不宜采用。

（5）时间继电器在电路图中的符号

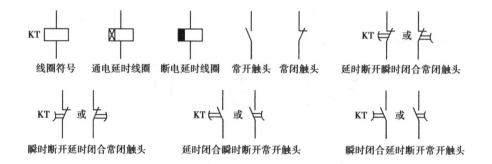

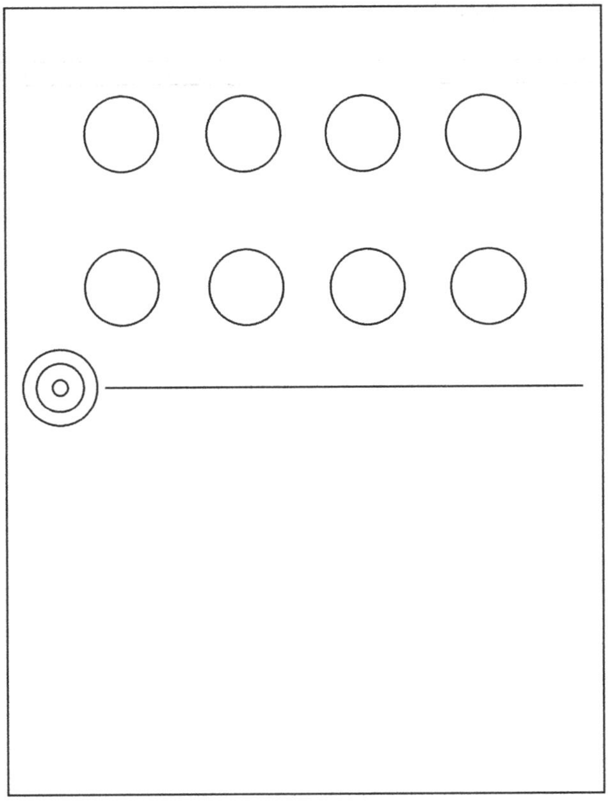

控制柜平面布局图

电气符号说明

网孔板平面安装布局示意图：

定位尺寸： A =　　　　　　　B =　　　　　　　C =

（mm）

主电路图：

控制电路图：

现由于生产要求，对设备进行改造：

要求在 C 点旋转后，停止按钮 S_3，可以停止其向 D 点传送物料；且 3 s 后 A 处停止供料。

1	评分表	工作形式 □个人 □小组分工 □小组		他人评分 □是 □否		实际工作时间		
2	评分范围：10-9-7-6-0	评分结果				项目系数	学生自评	教师评分
	评分标准	评分		项目分				
		学生自评	教师评分	项目系数	学生自评	教师评分		
	一、计划阶段 1. 工作计划 2. 材料清单 3. 电路图的设计 4. 图纸的完整性（包括布局图和端子图）			0.3 0.2 0.2 0.3				
	合　计			1.0			0.3	
	二、实施阶段 1. 元器件、走线槽的安装布局和标注 2. 元器件的标注 3. 导线与端子排的整型 4. 工具的摆放和工作台的整洁性			0.2 0.2 0.3 0.3				
	合　计			1.0			0.2	
	三、导线连接与固定 1. 导线的选择 2. 导线的绝缘 3. 导线的固定 4. 控制柜的连接			0.2 0.3 0.2 0.3				
	合　计			1.0			0.2	
	四、功能测试阶段 1. 控制功能与灯的显示 2. 功能描述及各种参数的确定 3. 故障的分析与排除 4. 安全保护措施			0.3 0.2 0.3 0.2				
	合　计			1.0			0.3	
	总　分						1.0	
3	练习总结：							
4	学生签名及学号： 教师签字：							

任务六 顺序启动逆序停止控制线路

一、任务目标

知识目标

①熟悉电气符号；

②理解电气元件的规格，了解电缆线及导线相关知识；

③会分析控制电路原理图；

④熟悉工具和万用表的正确使用及注意事项；

⑤安全知识。

技能目标

①熟悉电气控制线路原理图；

②熟悉电气元件的结构和规格参数；

③掌握互锁控制电路；

④分清导线颜色及各自应用范围；

⑤学会正确接线；

⑥学会使用万用表，检查并排除线路故障。

二、任务内容

①带三相断路器、热过载继电器主控制线路；

②延时断开正转控制线路。

三、任务功能

①只有交流电动机 M_1 启动 5 s 后 M_2 才能启动 M_2 停止 10 s 后 M_1 才能停止；

②通过交流接触器控制交流异步电机的启动与停止；

③具有短路保护和热过载保护，信号灯显示不同的工作状态。

四、任务过程

①获取资料；

②计划；

③决策；

④实施；

⑤检查；

⑥评估。

五、任务用时

30 学时。

控制柜平面布局图

电气符号说明

网孔板平面安装布局示意图

定位尺寸： A =　　　　　　　　B =　　　　　　　　C =

（mm）

电工技术

主电路图：

控制电路图：

工作原理描述：

1	评分表	工作形式 □个人　□小组分工　□小组		他人评分 □是　□否		实际工作时间		
2	评分范围：10-9-7-6-0	评分结果				项目系数	学生自评	教师评分
	评分标准	评　分		项目分				
		学生自评	教师评分	项目系数	学生自评	教师评分		
	一、计划阶段 1. 工作计划 2. 材料清单 3. 电路图的设计 4. 图纸的完整性（包括布局图和端子图）			0.3 0.2 0.2 0.3				
	合　计			1.0			0.3	
	二、实施阶段 1. 元器件、走线槽的安装布局和标注 2. 元器件的标注 3. 导线与端子排的整型 4. 工具的摆放和工作台的整洁性			0.2 0.2 0.3 0.3				
	合　计			1.0			0.2	
	三、导线连接与固定 1. 导线的选择 2. 导线的绝缘 3. 导线的固定 4. 控制柜的连接			0.2 0.3 0.2 0.3				
	合　计			1.0			0.2	
	四、功能测试阶段 1. 控制功能与灯的显示 2. 功能描述及各种参数的确定 3. 故障的分析与排除 4. 安全保护措施			0.3 0.2 0.3 0.2				
	合　计			1.0			0.3	
	总　分						1.0	
3	练习总结：							
4	学生签名及学号： 教师签字：							

任务七　正反转控制线路

一、任务目标

知识目标

①理解三相异步电动机的工作原理；

②熟悉电机的铭牌，电缆线及导线的规格；

③能分析电机正反转电路工作原理；

④掌握工具和万用表的正确使用及注意事项；

⑤掌握安全知识，树立安全意识。

技能目标

①熟悉电机正反转电路工作原理；

②熟悉相关电气元件的结构和规格参数；

③学会按平面布局图正确布局；

④分清导线颜色及各自应用范围；

⑤学会正确接线；

⑥学会使用万用表，检查并维修照明线路。

二、任务内容

①电机正反转电路工作原理；

②三相异步电机正反转控制线路的接法；

③具有短路保护和热过载保护，信号灯显示不同的工作状态。

三、任务功能

①控制线路具有双重互锁（按钮和交流接触器）；

②三相异步电机通过交流接触器控制正反转。

四、任务过程

①获取资料；

②计划；

③决策；

④实施；

⑤检查；

⑥评估。

五、任务用时

30 学时。

一、订单说明

要求给下面图示一小区大门，安装一个带操作台的开关柜（配电柜），并按客户要求设计布线。

二、示意图

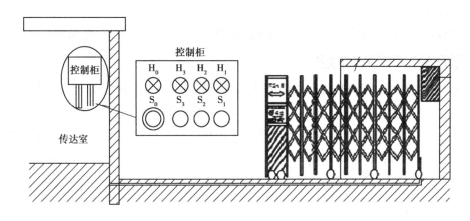

伸缩门图

三、客户订单要求的功能说明

当有车来时，按按钮 S_1 "开门"使门打开，信号灯 H_1 "开门"亮起。

用按钮 S_2 "关门"使门关闭，信号灯 H_2 "关门"亮起。

按下按钮 S_3 "停止"时，门停止打开或停止关闭且 H_3 "停止"灯亮起。

设备应有短路保护和过载保护，还应具用紧急状况下的停止开关 S_0；非正常情况下的停止 H_0 "故障"亮起。

电动机正反转

正转控制线路只能使电动机朝一个方向旋转，带动生产机械的运动部件朝一个方向运动。但许多生产机械往往要求运动部件能向正、反两个方向运动，如机床工作台的前进与后退，万能铣床主轴的正转与反转，起重机的上升与下降等，这些生产机械要求电动机能实现正反转控制。

通过电动机定子绕组的三相电源进线中的任意两相进行对调接线，电动机就可以反转。

一、倒顺开关正反转控制线路

倒顺开关也叫可逆转换开关，利用它可以改变电源相序来实现电动机的手动正反转控制。

注意：当电动机处于正转状态时，要使它反转，应先把手柄扳到"停"的位置，使电动机先停转，然后再把手柄扳到"倒"的位置，使它反转。若直接把手柄由"顺"扳至"倒"的位置，电动机的定子绕组中会因为电源突然反接而产生很大的反接电流，易使电动机定子绕组因过热而损坏。

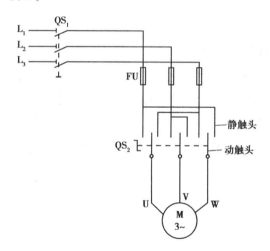

倒顺开关正反转控制线路

应用：倒顺开关正反转控制线路虽然所用电气设备较少，线路也简单，但它是一种手动控制线路，在频繁换向时，操作人员劳动强度大，操作不安全，所以这种线路一般用于控制额定电流 10 A、功率 3 kW 以下的小容量电动机。

二、接触器联锁的正反转控制线路

利用接触器改变电源相序，由按钮控制接触器实现非直接操作。接触器自锁控制线路不但能使电动机连续运转，还有一个重要的特点，就是具有欠压和失压(或零压)保护作用。

（1）欠压保护——"欠压"是指线路电压低于电动机应加的额定电压。"欠压保护"是指当线路电压下降到某一数值时，电动机能自动脱离电源停转，是避免电动机在欠压下运行的一种保护。

（2）失压（或零压）保护——失压保护是指在电动机正常运行中，由于外界某种原因引起突然断电时，能自动切断电动机电源；当重新供电时，保证电动机不能自行启动的一种保护。

注意：两接触器的主触头绝不允许同时闭合，否则将造成两相电源(L_1和L_3)短路事故。为了避免两个接触器同时得电动作，就在正、反转控制电路中分别串接了对方接触器的一对常闭辅助触头，这样，当一个接触器得电动作时，通过其常闭辅助触头使另一个接触器不能得电动作，接触器间这种相互制约的作用叫接触器联锁（或互锁）。实现联锁作用的常闭辅助触头称为联锁触头（或互锁触头），联锁符号用"▽"表示。

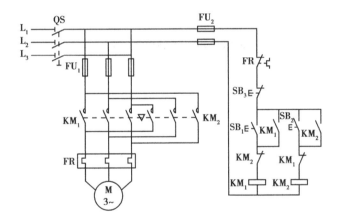

优缺点：优点是工作安全可靠，缺点是操作不便。因电动机从正转变为反转时，必须先按下停止按钮后，才能按反转启动按钮，否则由于接触器的联锁作用，不能实现反转。

三、按钮、接触器双重联锁的正反转控制线路

这种线路是在接触器联锁的基础上又增加了按钮联锁，故兼有两种联锁控制线路的优点，线路操作方便，工作安全可靠，在电力拖动中被广泛采用。如 Z3050 型摇臂钻床立柱松紧电动机的正反转控制及 X62W 型万能铣的主轴反接制动控制均采用这种控制线路。

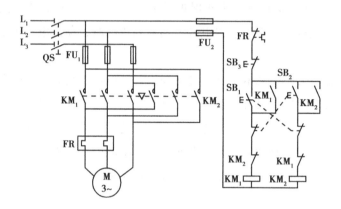

双重联锁的正反转控制线路

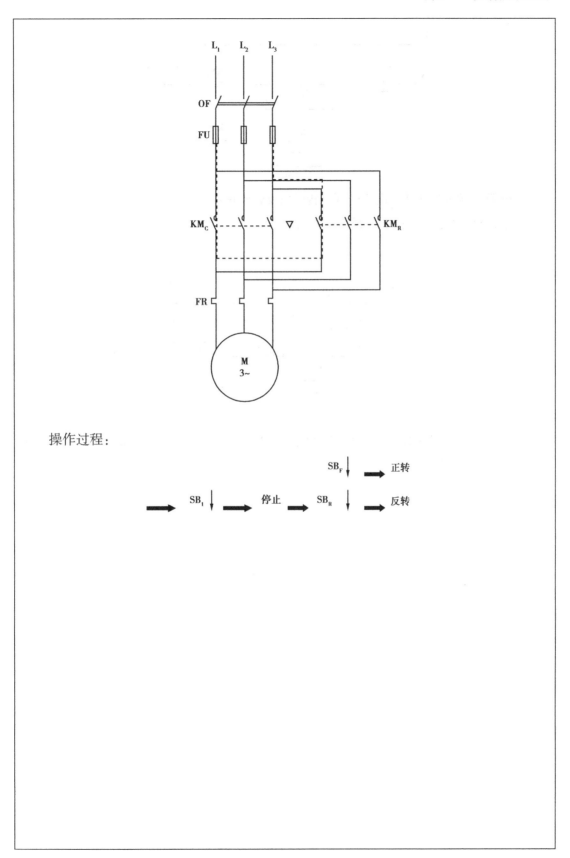

操作过程：

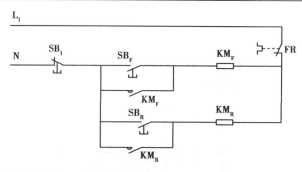

该电路必须先停止才能由正转到反转或由反转到正转。

SB_F 和 SB_R 不能同时按下，否则会造成短路！

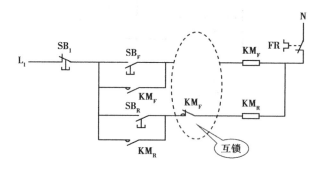

电气联锁（互锁）作用：正转时，SB_R 不起作用；反转时，SB_F 不起作用。从而避免两触发器同时工作造成主回路短路。

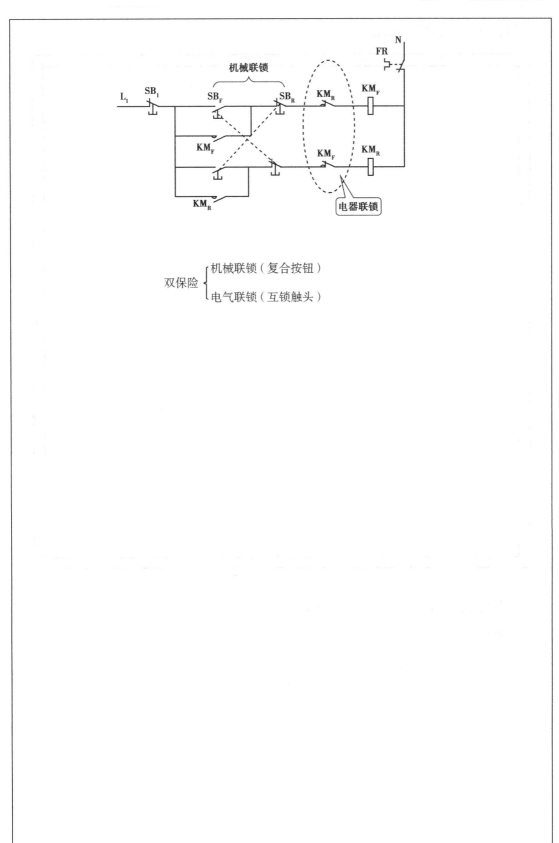

网孔板平面安装布局示意图

定位尺寸：　A =　　　　　　　　B =　　　　　　　　C =

（mm）

控制柜平面布局图

电气符号说明

主电路图：

控制电路图：

工作原理描述：

1	评分表	工作形式 □个人 □小组分工 □小组		他人评分 □是 □否		实际工作时间		
	评分范围：10-9-7-6-0	评分结果				项目系数	学生自评	教师评分
	评分标准	评 分		项目分				
		学生自评	教师评分	项目系数	学生自评	教师评分		
	一、计划阶段 1. 工作计划 2. 材料清单 3. 电路图的设计 4. 图纸的完整性（包括布局图和端子图）			0.3 0.2 0.2 0.3				
	合　计			1.0			0.3	
2	二、实施阶段 1. 元器件、走线槽的安装布局和标注 2. 元器件的标注 3. 导线与端子排的整型 4. 工具的摆放和工作台的整洁性			0.2 0.2 0.3 0.3				
	合　计			1.0			0.2	
	三、导线连接与固定 1. 导线的选择 2. 导线的绝缘 3. 导线的固定 4. 控制柜的连接			0.2 0.3 0.2 0.3				
	合　计			1.0			0.2	
	四、功能测试阶段 1. 控制功能与灯的显示 2. 功能描述及各种参数的确定 3. 故障的分析与排除 4. 安全保护措施			0.3 0.2 0.3 0.2				
	合　计			1.0			0.3	
	总　分						1.0	
3	练习总结：							
4	学生签名及学号： 教师签字：							

任务八　异地控制的自动往复线路

一、任务目标

知识目标

①理解三相异步电动机的工作原理；

②了解中间继电器、位置开关的结构和原理；

③会分析电机正反转电路工作原理；

④能正确使用各种工具，了解它们在使用过程中的注意事项；

⑤熟知安全用电常识。

技能目标

①熟悉电机正反转电路工作原理；

②熟悉相关电气元件的结构和规格参数；

③学会按平面布局图正确布局；

④分清导线颜色及各自应用范围；

⑤学会正确接线；

⑥学会使用万用表，检查并维修照明线路。

二、任务内容

①电机正反转电路的工作原理；

②中间继电器和行程开关的工作原理；

③三相异步电机正反转控制线路的接法；

④具有短路保护和热过载保护，信号灯能显示不同的工作状态。

三、任务功能

①控制线路具有异地（两地）控制双重互锁（按钮和交流接触器）和自动往复及行程限位；

②三相异步电机通过交流接触器控制正反转。

四、任务过程

①获取资料；

②计划；

③决策；

④实施；

⑤检查；

⑥评估。

五、任务用时

30 学时。

一、订单说明

要求给下图小车送料工作台设计一个带操作台的开关柜（配电柜），并按客户要求设计布线。

小车在工作台上来回送料，从 A 点送料到 B 点，小车再从 B 点回 A 点。

二、示意图

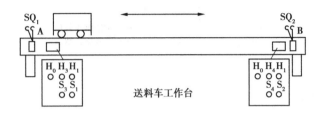

送料车工作台

三、客户订单要求的功能说明

按钮 S_1 和 S_2 "设备开" 都可以使设备打开并使小车开始向 A 点前进，信号灯 H_1 "小车前进" 亮起。

当小车行驶到 A 点时，小车自动往 B 点返回，信号灯 H_3 和 H_4 "小车后退" 亮起。

用按钮 S_3 和 S_4 "设备关" 都可以使门关闭，同时信号灯 H_5 "设备关" 亮起。

设备应有短路保护和过载保护，非正常情况下的停止 H_0 "故障" 亮起。

中间继电器

中间继电器是用来增加控制电路中的信号数量或将信号放大的继电器。其输入信号是线圈的通电和断电，输入信号是触头的动作，由于触头的数量较多，所以可用来控制多个元件或回路。

一、型号及含义

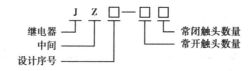

结构及工作原理：

中间继电器的结构及工作原理与接触器基本相同，因而中间继电器又称为接触器式继电器。但中间继电器的触头对数多，且没有主辅之分，各对触头允许通过的电流大小相同，多数为 5 A。因此，对于工作电流小于 5 A 的电气控制线路，可用中间继电器代替接触器实施控制。

二、位置开关

位置开关是一种将机械信号转换为电气信号，以控制运动部件位置或行程的自动控制电器。而位置控制就是利用生产机械运动部件上的挡铁与位置开关碰撞，通过其触头动作来接通或断开电路，以实现对生产机械运动部件的位置或行程的自动控制。

1.行程开关

行程开关是用以反应工作机械的行程，发出命令以控制其运动方向和行程大小的开关。其作用原理与按钮相同，区别在于它不是靠手指的按压而是利用生产机械运动部件的碰压使其触头动作，从而将机械信号转变为电信号，用以控制机械动作或用作程序控制。通常，行程开关被用来限制机械运动的位置或行程，使运动机械按一定的位置或行程实现自动停止、反向运动、变速运动或自动往返运动等，其电气符号如下所示。

2.接近开关

接近开关又称为无触点位置开关，是一种与运动部件无机械接触而能操作的位置开关。当运动的物体靠近开关到一定位置时，开关发出信号，达到行程控制、计数及自动控制的作用。

它的用途除了行程控制和限位保护外，还可作为检测金属体的存在、高速计数、测速、定位、变换运动方向、检测零件尺寸、液面控制及用作无触点按钮等。

与行程开关相比，接近开关具有定位精度高、工作可靠、寿命长、操作频率高以及能适应恶劣工作环境等优点。但接近开关在使用时，一般需要有触点继电器作为输出器。

SQ ◇—╲

符号

控制柜平面布局图

电气符号说明

网孔板平面安装布局示意图

定位尺寸：　A =　　　　　　　　B =　　　　　　　　C =

（mm）

主电路图：

控制电路图：

电工技术

工作原理描述：

1	评分表	工作形式 □个人　□小组分工　□小组		他人评分 □是　□否		实际工作时间		
	评分范围：10-9-7-6-0	评分结果				项目系数	学生自评	教师评分
	评分标准	评　分		项目分				
		学生自评	教师评分	项目系数	学生自评	教师评分		
	一、计划阶段 1. 工作计划 2. 材料清单 3. 电路图的设计 4. 图纸的完整性（包括布局图和端子图）			0.3 0.2 0.2 0.3				
	合　计			1.0			0.3	
2	二、实施阶段 1. 元器件、走线槽的安装布局和标注 2. 元器件的标注 3. 导线与端子排的整型 4. 工具的摆放和工作台的整洁性			0.2 0.2 0.3 0.3				
	合　计			1.0			0.2	
	三、导线连接与固定 1. 导线的选择 2. 导线的绝缘 3. 导线的固定 4. 控制柜的连接			0.2 0.3 0.2 0.3				
	合　计			1.0			0.2	
	四、功能测试阶段 1. 控制功能与灯的显示 2. 功能描述及各种参数的确定 3. 故障的分析与排除 4. 安全保护措施			0.3 0.2 0.3 0.2				
	合　计			1.0			0.3	
	总　分						1.0	
3	练习总结：							
4	学生签名及学号： 教师签字：							

任务九 Y—△降压启动控制线路

一、任务目标

知识目标

①了解异步电动机启动电流的估算方法；

②知道异步电动机降压启动的种类；

③会分析异步电机 Y—△降压启动电路工作原理；

④熟悉工具和万用表的正确使用及注意事项；

⑤掌握安全知识。

技能目标

①熟悉三相交流异步电机 Y—△降压启动电路工作原理；

②熟悉相关电气元件的结构和规格参数；

③学会按平面布局图正确布局；

④分清导线颜色及各自应用范围；

⑤学会正确接线；

⑥学会使用万用表，检查并维修照明线路。

二、任务内容

①电机正反转电路工作原理；

②三相交流异步电动机 Y—△降压启动控制线路的接法。

三、任务功能

①控制线路具有三相交流异步电动机 Y—△降压启动功能，用时间继电器实现；

②三相交流异步电动机通过交流接触器实现正反转控制；

③具有短路保护和热过载保护，信号灯显示不同的工作状态。

四、任务过程

①获取资料；

②计划；

③决策；

④实施；

⑤检测；

⑥评估。

五、任务用时

30 学时。

电动机的启动

电动机的启动过程是指电动机从接入电网开始起，到正常运转为止的这一过程。三相交流异步电动机的启动方式有两种，即在额定电压下的直接启动和在降低启动电压下的降压启动。电动机的直接启动是一种简单、可靠、经济的启动方法。但由于直接启动电流可达电动机额定电流的 4~7 倍，过大的启动电流会造成电网电压显著下降，直接影响在同一电网工作的其他感应电动机，甚至使它们停转或无法启动，故直接启动电动机的容量受到一定的限制。能否采用直接起动，可用下面的经验公式来确定。

满足公式　$I_{st}/I_N \leq 3/4 + S/4P_N$　允许直接启动

式中　I_{st}——电动机的起动电流（A）；

I_N——电动机的额定电流（A）；

S——变压器容量（kVA）；

P_N——电动机容量（kW）。

一般功率小于 10 kW 的电动机常用直接启动。

Y—△降压启动控制

Y—△降压启动是指电动机启动时，把定子绕组接成 Y 形，以降低启动电压，限制启动电流，待电机启动后，再把定子绕组接成△形，使电机全压工作。凡是在正常运行时定子绕组接成△形的电动机，均可采用这种降压启动方法。电动机启动时，把定子绕组接成 Y 形，加在每相定子绕组上的电压只有△形接法的 $1/\sqrt{3}$，启动电流是△形接法的 1/3，启动转矩也只有△形接法的 1/3。所以这种启动方法，只适用于轻载或空载下启动。

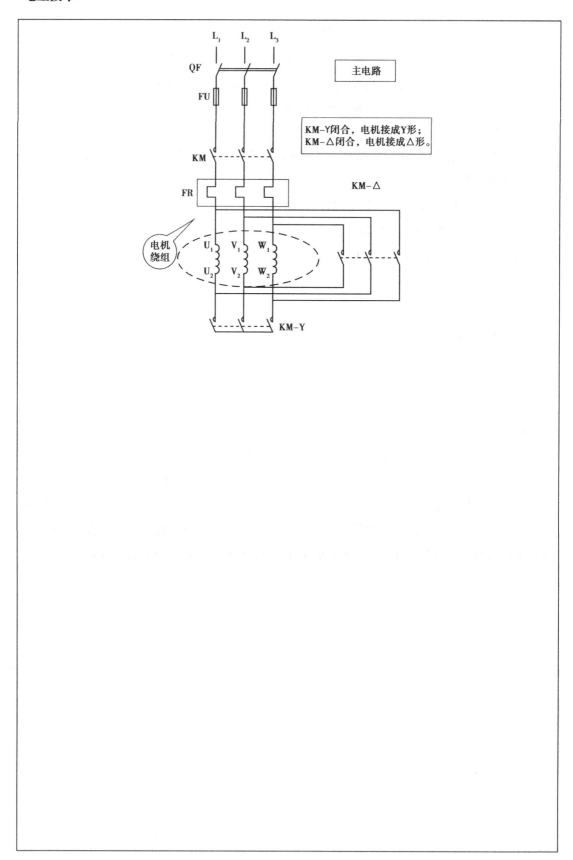

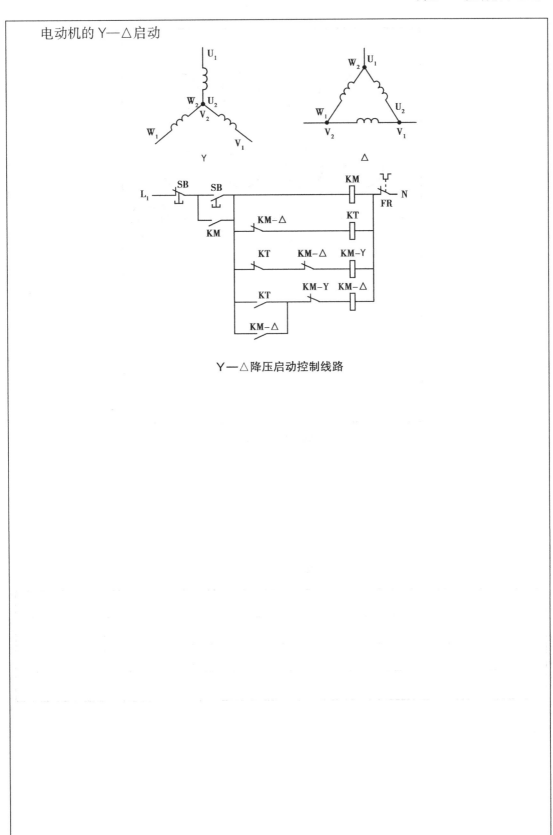

电动机的 Y—△ 启动

Y—△降压启动控制线路

控制柜平面布局图

电气符号说明

网孔板平面安装布局示意图

定位尺寸： A =   B =   C =
（mm）

主电路：

主电路：

控制电路：

1	评分表		工作形式 □个人 □小组分工 □小组		他人评分 □是 □否		实际工作时间		
	评分范围：10-9-7-6-0		评分结果				项目系数	学生自评	教师评分
	评分标准		评 分		项目分				
			学生自评	教师评分	项目系数	学生自评	教师评分		
2	一、计划阶段 1. 工作计划 2. 材料清单 3. 电路图的设计 4. 图纸的完整性（包括布局图和端子图）				0.3 0.2 0.2 0.3				
	合　计				1.0			0.3	
	二、实施阶段 1. 元器件、走线槽的安装布局和标注 2. 元器件的标注 3. 导线与端子排的整型 4. 工具的摆放和工作台的整洁性				0.2 0.2 0.3 0.3				
	合　计				1.0			0.2	
	三、导线连接与固定 1. 导线的选择 2. 导线的绝缘 3. 导线的固定 4. 控制柜的连接				0.2 0.3 0.2 0.3				
	合　计				1.0			0.2	
	四、功能测试阶段 1. 控制功能与灯的显示 2. 功能描述及各种参数的确定 3. 故障的分析与排除 4. 安全保护措施				0.3 0.2 0.3 0.2				
	合　计				1.0			0.3	
	总　分							1.0	
3	练习总结：								
4	学生签名及学号： 教师签字：								

任务十 设计与安装栅栏控制线路

一、任务目标

知识目标

①了解三相交流异步电动机的工作原理；

②理解电动机的铭牌，电缆线及导线的规格；

③会分析异步电动机正反转电路的工作原理；

④能正确的使用工具和万用表，了解使用过程中的注意事项；

⑤牢固树立安全意识，确保用电安全。

技能目标

①熟悉异步电动机自动往复电路的工作原理；

②熟悉相关电气元件的结构和规格参数；

③学会按平面布局图正确布局；

④分清导线颜色及各自应用范围；

⑤学会正确接线；

⑥会使用万用表，检查并维修照明线路。

二、任务内容

①异步电动机自动往复电路的工作原理；

②中间继电器和行程开关的工作原理；

③三相异步电机自动往复控制线路的接法；

④具有短路保护和热过载保护，信号灯显示不同的工作状态。

三、任务功能

①控制线路能实现过载、行程限位和急停控制；

②三相异步电机通过交流接触器控制正反转，实现自动往复。

四、任务过程

①获取资料；

②计划；

③决策；

④实施；

⑤检查；

⑥评估。

五、任务用时

30 学时。

根据以下所述要求，起草/设计/计划/安装一个公园或车库入口的栅栏控制电路。

1. 前言

主电流回路和控制电流回路必须有短路保护，有切断回路中异常电流值的能力。

通过热继电器的作用，保护电动机不因长时间过载而损坏；所用元器件的数量和连接点应尽可能少。

2. 功能

①当有人或车辆到达栅栏前 3 m 时或者有人短暂操作按键 S_2 栅栏被打开（电机 M_1 右转）。

②当栅栏完全打开时，终端行程开关 S_4 被压下，电机 M_1 被关闭，10 s 后，栅栏自动关闭（电机 M_1 左转）。

③当栅栏完全关闭时，终端行程开关 S_3 被压下，电机 M_1 被关闭。

④栅栏处于任何位置，都可以通过操作紧急停止开关 S_1 将栅栏锁住。

⑤红色信号灯——栅栏关闭状态；绿色信号灯——栅栏完全打开状态；黄色信号灯——栅栏运行过程中。

3. 任务

①绘制该电路控制电流原理图（电路图和连接桥）；

②接线端子排的方案；

③元器件清单（领料/采购计划）；

④安装电路。

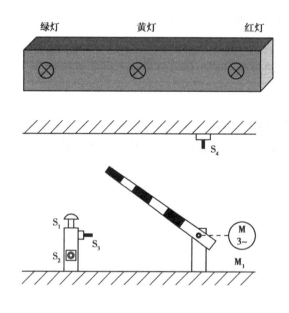

网孔板平面安装布局示意图

定位尺寸：　A =　　　　　　　B =　　　　　　　C =

（mm）

主电路图：

控制电路图：

工作原理描述：

1	评分表	工作形式 □个人 □小组分工 □小组		他人评分 □是 □否		实际工作时间		
	评分范围：10-9-7-6-0	评分结果				项目系数	学生自评	教师评分
	评分标准	评 分		项目分				
		学生自评	教师评分	项目系数	学生自评	教师评分		
2	一、计划阶段 1. 工作计划 2. 材料清单 3. 电路图的设计 4. 图纸的完整性（包括布局图和端子图			0.3 0.2 0.2 0.3				
	合　计			1.0			0.3	
	二、实施阶段 1. 元器件、走线槽的安装布局和标注 2. 元器件的标注 3. 导线与端子排的整型 4. 工具的摆放和工作台的整洁性			0.2 0.2 0.3 0.3				
	合　计			1.0			0.2	
	三、导线连接与固定 1. 导线的选择 2. 导线的绝缘 3. 导线的固定 4. 控制柜的连接			0.2 0.3 0.2 0.3				
	合　计			1.0			0.2	
	四、功能测试阶段 1. 控制功能与灯的显示 2. 功能描述及各种参数的确定 3. 故障的分析与排除 4. 安全保护措施			0.3 0.2 0.3 0.2				
	合　计			1.0			0.3	
	总　分						1.0	
3	练习总结：							
4	学生签名及学号： 教师签字：							

任务十一　光栅顺序启停控制线路

一、任务目标

知识目标

①了解三相异步电动机的工作原理；

②掌握电动机的铭牌，电缆线及导线的规格；

③能分析电动机顺序启停电路的工作原理；

④掌握工具和万用表的正确使用方法及注意事项；

⑤掌握安全知识。

技能目标

①熟悉电动机顺序控制电路的工作原理；

②熟悉相关电气元件的结构和规格参数；

③学会按平面布局图正确布局；

④分清导线颜色及各自应用范围；

⑤学会正确接线；

⑥学会使用万用表，检查并维修照明线路。

二、任务内容

①光栅的结构及工作原理；

②光栅顺序启停电路的工作原理；

③两台异步电动机顺序启停控制线路的接法；

④具有短路保护和热过载保护，信号灯显示不同的工作状态。

三、任务功能

①控制线路具有过载保护和行程限位；

②两台异步电动机通过光栅信号实现顺序控制。

四、任务过程

①获取资料；

②计划；

③决策；

④实施；

⑤检查；

⑥评估。

五、任务用时

18 学时。

一、订单说明

　　要求给下面的图示工件检测系统设计一个带操作台的开关柜（配电柜），并按客户要求设计布线。

　　设备是一工件的检测示意图，工件从 A 点到 B 点，再从 B 点到 C 点。

二、示意图

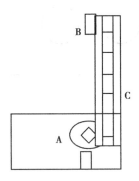

三、客户订单要求的功能说明

　　按钮 S_1 "设备开"可以使设备打开并有指示灯指示，A 点检测有无工件；若有，传送系统将其上升至 B 处，检测工件厚度，若合格，工件压到行程开关并有指示；3 s 后，工件降至 C 处并停止下降。

　　用按钮 S_2 "设备关"都可以使门关闭，信号灯"设备关"亮起。

　　设备应有短路保护和过载保护，非正常情况下的停止，H_0 "故障"亮起。

控制柜平面布局图

电气符号说明

网孔板平面安装布局示意图

定位尺寸：　A =　　　　　　　　B =　　　　　　　　C =
（mm）

主电路图：

控制电路图：

工作原理描述：

1	评分表	工作形式 □个人 □小组分工 □小组		他人评分 □是 □否		实际工作时间		
	评分范围：10-9-7-6-0	评分结果				项目系数	学生自评	教师评分
	评分标准	评分		项目分				
		学生自评	教师评分	项目系数	学生自评	教师评分		
2	一、计划阶段 1. 工作计划 2. 材料清单 3. 电路图的设计 4. 图纸的完整性（包括布局图和端子图）			0.3 0.2 0.2 0.3				
	合　计			1.0			0.3	
	二、实施阶段 1. 元器件、走线槽的安装布局和标注 2. 元器件的标注 3. 导线与端子排的整型 4. 工具的摆放和工作台的整洁性			0.2 0.2 0.3 0.3				
	合　计			1.0			0.2	
	三、导线连接与固定 1. 导线的选择 2. 导线的绝缘 3. 导线的固定 4. 控制柜的连接			0.2 0.3 0.2 0.3				
	合　计			1.0			0.2	
	四、功能测试阶段 1. 控制功能与灯的显示 2. 功能描述及各种参数的确定 3. 故障的分析与排除 4. 安全保护措施			0.3 0.2 0.3 0.2				
	合　计			1.0			0.3	
	总　分						1.0	
3	练习总结：							
4	学生签名及学号： 教师签字：							

任务十二　调速控制线路

一、任务目标

知识目标

①理解双速电机的工作原理;

②熟知电机的铭牌、电缆线及导线的规格;

③会分析双速电机控制电路的工作原理;

④能正确使用工具和万用表,了解注意事项;

⑤牢固树立安全意识,确保用电安全。

技能目标

①熟悉双速电机电路工作过程;

②熟悉相关电气元件的结构和规格参数;

③学会按平面布局图正确布局;

④分清导线颜色及各自应用范围;

⑤学会正确接线;

⑥学会使用万用表,检查并维修照明线路。

二、任务内容

①双速电机的结构和工作原理;

②双速电机控制线路的接法;

③具有短路保护和热过载保护,信号灯显示不同的工作状态。

三、任务功能

①控制线路具有双重互锁(按钮和交流接触器)功能;

②双速电机通过交流接触器改变转速。

四、任务过程

①获取资料;

②计划;

③决策;

④实施;

⑤检查;

⑥评估。

五、任务用时

18 学时。

一、订单说明

该潮湿垃圾处理设备需要设计一个搅拌器，使得储罐里的垃圾糊料变得疏松。

二、示意图

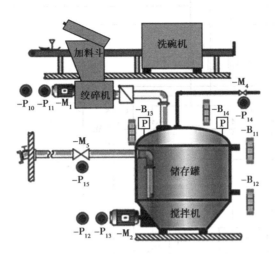

三、客户订单要求的功能说明

（1）按钮 S_1 使"搅拌机"M_2 以低速将剩饭剩菜搅拌，信号灯 P_1 亮起。

（2）按钮 S_2 使"搅拌机"M_2 以高速将剩饭剩菜搅拌，信号灯 P_2 亮起。

（3）按钮 S_3 "设备关"可以随时关掉此设备。

（4）绞碎机 M_1 通过装有电机保护继电器加以监控。如果电机保护继电器发生脱扣动作了，那么电机将被切断电流，信号灯 P_0 "故障"亮起。

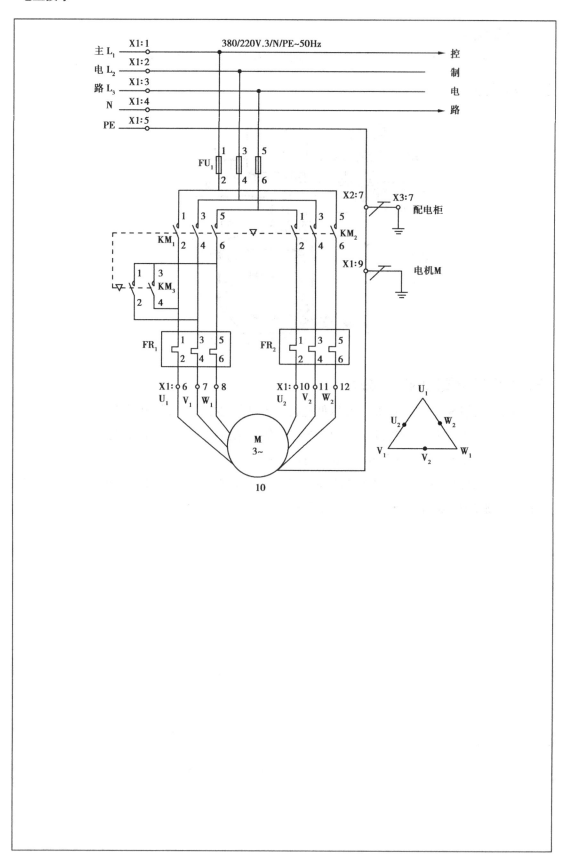

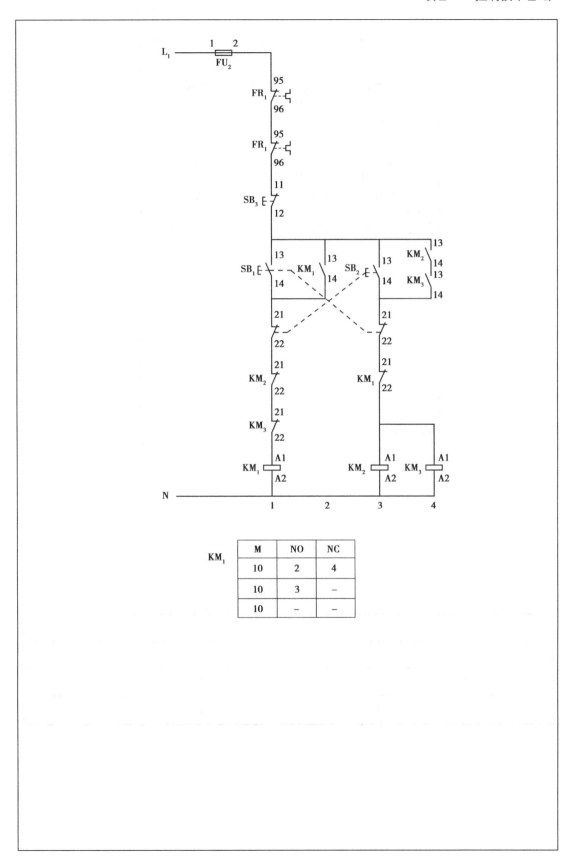

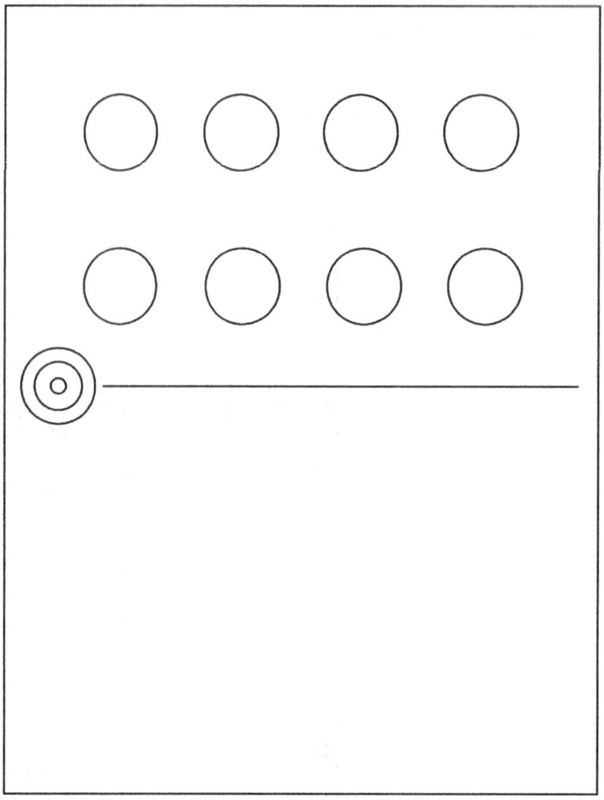

控制柜平面布局图

电气符号说明

网孔板平面安装布局示意图

定位尺寸： A =   B =   C =

（mm）

主电路图：

主电路图：

控制电路图：

工作原理描述：

1	评分表	工作形式 □个人　□小组分工　□小组		他人评分 □是　□否		实际工作时间		
	评分范围：10-9-7-6-0	评分结果				项目系数	学生自评	教师评分
	评分标准	评分		项目分				
		学生自评	教师评分	项目系数	学生自评	教师评分		
2	一、计划阶段 1. 练习要求 2. 练习目的 3. 工作计划 4. 材料清单和工具清单			0.3 0.2 0.2 0.3				
	合　计			1.0			0.3	
	二、实施阶段 1. 元器件、走线槽的安装布局和标注 2. 元器件的标注 3. 导线与端子排的整型 4. 工具的摆放和工作台的整洁性			0.2 0.2 0.3 0.3				
	合　计			1.0			0.2	
	三、导线连接与固定 1. 导线的选择 2. 导线的绝缘 3. 导线的固定 4. 控制柜的连接			0.2 0.3 0.2 0.3				
	合　计			1.0			0.2	
	四、功能测试阶段 1. 控制功能与灯的显示 2. 功能描述及各种参数的确定 3. 故障的分析与排除 4. 安全保护措施			0.3 0.2 0.3 0.2				
	合　计			1.0			0.3	
	总　分						1.0	
3	练习总结：							
4	学生签名及学号： 教师签字：							

项目二 变频控制技术

任务一　变频器的安装

一、任务目标

知识目标

①了解变频器长期存放后的安装注意事项；

②掌握变频器的安装环境要求；

③能在网孔板上布局变频器；

④掌握变频器的电气接口端子功能；

⑤掌握工具的正确使用方法及注意事项；

⑥掌握安全知识。

技能目标

①熟悉变频器的结构和规格参数；

②掌握安装工具的使用方法；

③正确连接变频器电气线路；

④学会检查并排除线路故障；

⑤掌握职业素养与安全知识。

二、任务内容

正确安装变频器。

三、任务功能

①了解变频器长期存放后的安装注意事项；

②掌握变频器的安装环境要求；

③在网孔板上合理布局变频器；

④完成变频器主电路连接。

四、任务过程

①获取资料；

②计划；

③决策；

④实施；

⑤检查；

⑥评估。

五、任务用时

30 学时。

序号	工作步序		注意事项
1	熟悉练习资料，了解练习内容与目的	1	检查资料是否齐全，字迹是否清晰
		2	全面熟悉练习资料
		3	画布局图及原理图
2	列材料清单并领取材料	1	材料要列全
		2	检查材料的数量与质量
		3	详细列出材料的规格型号
		4	节省材料使其不缺损
3	按专业要求布局元器件并标注	1	根据图纸要求布局
		2	尽量按比例布局
		3	注意标注一致性贴放
4	按专业要求接线	1	分清导线的颜色
		2	电缆线和导线的可靠绝缘
		3	冷压端头的正确固定
		4	注意接线牢固
5	断电时检查线路	1	注意万用表的正确使用
		2	正确判断电路的好坏
		3	熟悉电路原理图和接线图
6	功能测试	1	必须得到老师的许可，并现场监督
		2	注意安全
		3	按电路要求检测功能
7	总结	1	要按图纸比例布局
		2	掌握变频器安装技能
		3	态度要认真

1.安全警告

警告

➤ 未经培训合格的人员在变频器装置／系统上工作或不遵守"警告"中的有关规定，就可能造成严重的人身伤害或重大的财产损失。只有在设备的设计、安装、调试和运行方面受过培训的经过认证合格的专业人员才允许在装置／系统上进行工作。

➤ 输入电源线只允许永久性紧固连接。设备必须接地（按照 IEC 536 Class 1、NEC 和其他适用的标准）。

➤ 框架尺寸为 A~F 的 MM440 变频器只能采用 B 型 ELCB(接地泄漏断路器 –Earth Leakage Circuit–Breaker)。设备由三相电源供电，而且带有 EMC 滤波器时，一定不要通过接地泄漏断路器 ELCB 与电源连接（参看 DIN VDE0160 第 5.5.2 节和 EN 50178 第 5.2.11.1 节）。

➤ 即使变频器处于不工作状态，以下端子仍然可能带有危险电压：

◆ 电源端子 L/L$_1$、N/L$_2$、L$_3$ 或 U$_1$/L$_1$、V$_1$/L$_2$、W$_1$/L$_3$。

◆ 连接电动机的端子 U、V、W 或 U$_2$、V$_2$、W$_2$。

◆ 取决于框架尺寸，端子:DC+/B+、DC–、B– 和 DC/R+，或 DCPS、DCNS、DCPA，DCNA。

➤ 在电源开关断开以后，必须等待 5 min，使变频器放电完毕，才允许开始安装作业。

➤ 本设备不可作为"紧急停车机构"使用（参看 EN 60204，9.2.5.4）。

➤ 接地导体的最小截面积必须等于或大于供电电源电缆的截面积。

➤ 如果卸下了前面的盖板（仅指框架尺寸为 FX 和 GX 的 MM440 变频器），风机的叶片便显露出来。当风机正在转动时，存在着造成人身伤害的危险。

注意

连接到变频器的供电电源电缆、电动机电缆和控制电缆必须按照下面图所示的方式进行连接，避免由于变频器工作所造成的感性和容性干扰。

2.长期存放的变频器使用前充电

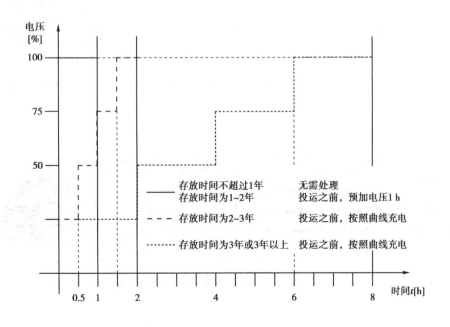

3.安装环境要求

安装环境要求包括：温度、湿度、海拔、冲击与振动、电磁辐射、大气污染、水冷却等。

4.设备固定要求

框架尺寸类型		外形尺寸		固定方法	螺丝拧紧力矩
A	宽 × 高 × 深	mm	73 × 173 × 149	2 M4 螺栓 4 M4 螺母 4 M4 垫圈或固定在导轨上	2.5 N·m 装垫圈时
		inch	2.87 × 6.81 × 5.87		
B	宽 × 高 × 深	mm	149 × 202 × 172	4 M4 螺栓 4 M4 螺母 4 M4 垫圈	2.5 N·m 装垫圈时
		inch	5.87 × 7.95 × 6.77		
C	宽 × 高 × 深	mm	185 × 245 × 195	4 M5 螺栓 4 M5 螺母 4 M5 垫圈	2.5 N·m 装垫圈时
		inch	7.28 × 9.65 × 7.68		
D	宽 × 高 × 深	mm	275 × 520 × 245	4 M8 螺栓 4 M8 螺母 4 M8 垫圈	3.0 N·m 装垫圈时
		inch	10.82 × 20.47 × 9.65		
E	宽 × 高 × 深	mm	275 × 650 × 245	4 M8 螺栓 4 M8 螺母 4 M8 垫圈	3.0 N·m 装垫圈时
		inch	10.82 × 25.59 × 9.65		

5.电气连接

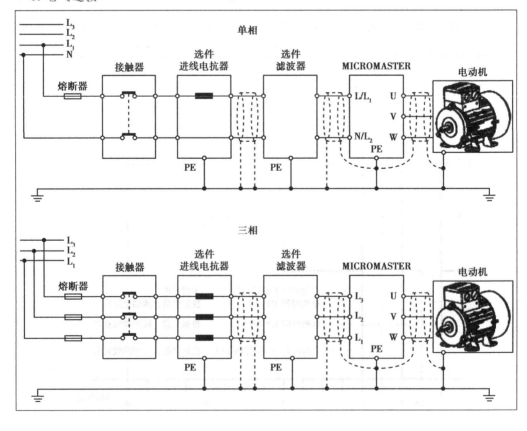

6. 控制端子

端子编号	名　称	功　能

7.电磁干扰防护

序　号	防护建议措施

把电磁干扰的影响降低到最小的布线方法

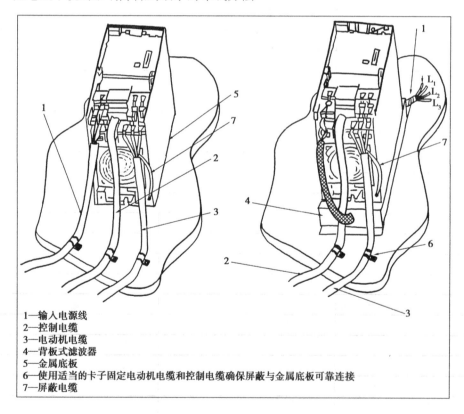

1—输入电源线
2—控制电缆
3—电动机电缆
4—背板式滤波器
5—金属底板
6—使用适当的卡子固定电动机电缆和控制电缆确保屏蔽与金属底板可靠连接
7—屏蔽电缆

材料清单

序号	名　称	规格型号	数　量	备　注
1				
2				
3				
4				
5				
6				
7				
8				
9				
10				
11				
12				
13				
14				
15				
16				
17				
18				
19				
20				
21				
22				
23				
24				
25				
26				
27				
28				
29				
30				
31				
32				
33				

<table>
<tr><td colspan="5" align="center">材料清单</td></tr>
</table>

序号	名　称	规格型号	数　量	备　注
34				
35				
36				
37				
38				
39				
40				
41				
42				
43				
44				
45				
46				
47				
48				
49				
50				
51				
52				
53				
54				
55				
56				

工具清单

序号	名　称	规格型号	数　量	备　注
1				
2				
3				
4				
5				
6				
7				
8				
9				
10				
11				
12				
13				
14				
15				
16				
17				
18				
19				
20				
21				
22				
23				
24				
25				
26				
27				
28				
29				
30				
31				
32				
33				
34				
35				

网孔板平面安装布局图：

检测记录

序　号	检测内容	检测方法	检测结果

1	评分表	工作形式 □个人　□小组分工　□小组			他人评分 □是　□否		实际工作时间		
	评分范围：10-9-7-6-0	评分结果					项目系数	学生自评	教师评分
		评　分			项目分				
	评分标准	学生自评	教师评分	项目系数	学生自评	教师评分			
	一、计划阶段 1. 工作计划 2. 材料清单 3. 布局的设计 4. 图纸的完整性			0.3 0.2 0.2 0.3					
	合　计			1.0			0.3		
2	二、实施阶段 1. 元器件、走线槽的安装布局和标注 2. 元器件的标注 3. 导线与端子排的整型 4. 工具的摆放和工作台的整洁性			0.2 0.2 0.3 0.3					
	合　计			1.0			0.2		
	三、导线连接与固定 1. 导线的选择 2. 导线的绝缘 3. 导线的固定 4. 控制柜的连接			0.2 0.3 0.2 0.3					
	合　计			1.0			0.2		
	四、功能测试阶段 1. 上电前的检测 2. 上电后的检测 3. 安全保护措施			0.3 0.2 0.3 0.2					
	合　计			1.0			0.3		
	总　分						1.0		
3	练习总结：								
4	学生签名及学号： 教师签字：								

任务二　变频器的调试

一、任务目标

知识目标

①理解变频器参数的结构与表示；

②掌握变频器参数的修改流程；

③熟悉变频器的调试流程；

④掌握变频器参数的复位方法。

技能目标

①熟悉变频器面板的基本操作；

②掌握操作变频器面板修改参数的方法。

二、任务内容

变频器参数复位。

三、任务功能

使用操作面板 BOP 或 AOP 对变频器进行参数复位操作，为后续变频器调试做好准备。

四、任务过程

①获取资料；

②计划；

③决策；

④实施；

⑤检查；

⑥评估。

五、任务用时

4 学时。

一、BOP 面板介绍

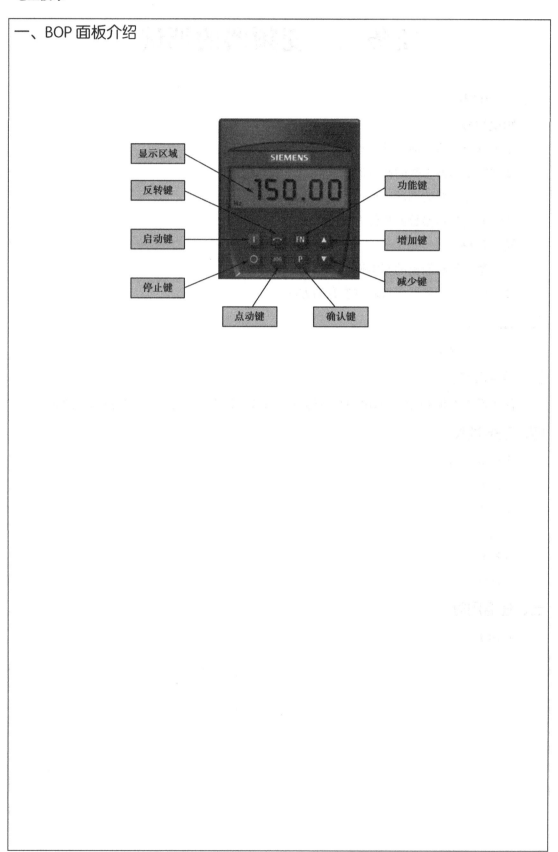

基本操作面板 (BOP) 上的按钮

显示 / 按钮	功 能	功能的说明
P(I) r 0000 **Hz**	状态显示	LCD 显示变频器当前的设定值
I	启动电动机	按此键启动变频器。缺省值运行时此键是被封锁的。为了使此键的操作有效，应设定 P0700=1
0	停止电动机	OFF1: 按此键，变频器将按选定的斜坡下降速率减速停车，缺省值运行时此键被封锁；为了允许此键操作，应设定 P0700 = 1 OFF2: 按此键两次 (或一次，但时间较长) 电动机将在惯性作用下自由停车 此功能总是 "使能" 的
↻	改变电动机的转动方向	按此键可以改变电动机的转动方向。电动机的反向用负号 (-) 表示或用闪烁的小数点表示。缺省值运行时此键是被封锁的，为了使键的操作有效，应设定 P0700=1
jog	电动机点动	在变频器无输出的情况下按此键，将使电动机启动，并按预设定的点动频率运行。释放此键时，变频器停车。如果变频器 / 电动机正在运行，按此键将不起作用
Fn	功能	此键用于浏览辅助信息 变频器运行过程中，在显示任何一个参数时铵下此键并保持不动 2 s，将显示以下参数值： ①直流回路电压 (用 d 表承 – 单位 :V) ; ②输出电流（A）； ③输出频率（Hz）； ④输出电压 (用 o 表示 – 单位 :V) ; ⑤由 P0005 选定的故值 [如果 P0005 选择显示上述参数中的任何一个 (3，4，4 或 5)，这里将不再显示] 连续多次按下此键，将轮流显示以上参数 跳转功能 在显示任何一个参致 (r×××× 或 P××××) 时短时间按下此键，将立即跳转到 r0000，如果需要的话，可以接着修改其他的参数。跳转到 r0000 后，按此键将返回原来的显示点 退出 在出现故障或报警的情况下，按 **Fn** 键可以将操作板上显示的故障或报警信息复位
P	访问参数	按此键即可访问参数
▲	增加数值	按此键即可增加面板上显示的参数数值
▼	减少数值	按此键却可减少面板上显示的参数数值

二、参数结构与表示

MM440 有两种参数类型：以字母 P 开头的参数为用户可改动的参数；以字母 r 开头的参数表示本参数为只读参数。

所有参数分成命令参数组（CDS），以及与电机、负载相关的驱动参数组（DDS）两大类。每个参数组又分为三组，其结构如下图所示。

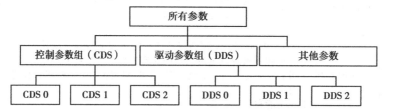

默认状态下使用的当前参数组是第 0 组参数，即 CDS0 和 DDS0。本文后面如果没有特殊说明，所访问的参数都是指当前参数组。

将参数按照命令和驱动两大类分为三组，用户可以根据不同的需要在一个变频器中设置多种驱动和控制的配置并在适当的时候根据需要进行切换。

CDS			DDS		
P0810	P0811	参数组	P0820	P0821	参数组
0	0	0	0	0	0
1	0	1	1	0	1
X	1	2	X	1	2

三、参数设置流程

修改参数 P1000 的第 0 组参数，即设置 P1000[0]=1 的过程为例，说明通过操作 BOP 面板修改参数的操作流程。

	操作步骤	BOP 显示结果
1	按 P 键，访问参数	r0000
2	按 ▲ 键，直到显示 P1000	P1000
3	按 P 键，显示 in000，即 P1000 的第 0 组值	in000
4	按 P 键，显示当前值 2	2
5	按 ▼ 键，达到所要求的数值 1	1
6	按 P 键，存储当前设置	P1000
7	按 FN 键，显示 r0000	r0000
8	按 P 键，显示频率	50.00

四、变频器调试流程

通常一台新的 MM440 变频器一般需要经过以下三个步骤进行调试。

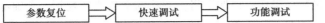

参数复位	将变频器参数恢复到出厂状态下的默认值的操作。一般在变频器出厂和参数出现混乱的时候进行此操作
快速调试	用户输入电机相关的参数和一些基本驱动控制参数,使变频器可以良好地驱动电机运转。一般在复位操作后,或者更换电机后需要进行此操作
功能调试	用户按照具体生产工艺的需要进行的设置操作。这一部分的调试工作比较复杂,常常需要在现场多次调试

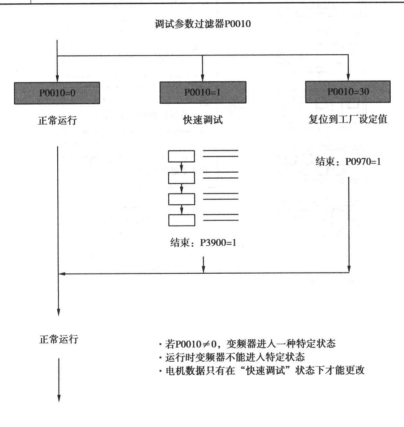

五、参数复位

参数复位，将变频器的参数恢复到出厂时的参数默认值。在变频器初次调试，或者参数设置混乱时，需要执行该操作，以便于将变频器的参数值恢复到一个确定的默认状态。

复位可能会持续几分钟。在复位过程中显示"BUSY"。

在参数复位完成后，需要进行快速调试的过程。根据电机和负载具体特性，以及变频器的控制方式等信息进行必要的设置之后，变频器就可以驱动电机工作了。

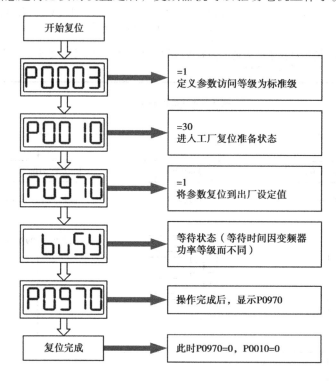

一、任务目标

知识目标

①了解变频器快速调试的设置内容；

②了解变频器快速调试相关参数的含义；

③掌握基本操作面板设置参数的方法。

技能目标

①熟练变频器的面板操作方法；

②熟练变频器的功能参数设置。

二、任务内容

变频器快速调试。

三、任务功能

使用操作面板 BOP 或 AOP 对变频器进行快速调试，完成电机等基本参数设置。

四、任务过程

①获取资料；

②计划；

③决策；

④实施；

⑤检查；

⑥评估。

五、任务用时

3 学时。

六、快速调试

快速调试：指通过设置电机参数和变频器的命令源及频率给定源，从而达到简单快速运转电机的一种操作模式。

执行一次快速调试，通过选择快速调试（P0010=1），只有与快速调试有关的参数显示出来。存放电机数据的参数设有地址，即可以同时输入不同电机的数据。请首先使用变址为（0）的第一套电机数据。

1.快速调试方法

请按照下面步骤，设置参数，即可完成快速调试的过程。

参数号	参数描述	推荐设置
P0003	设置参数访问等级 =1 标准级（只需要设置最基本的参数） =2 扩展级 =3 专家级	3
P0010	=1 开始快速调试 注意： 1.只有在 P0010=1 的情况下，电机的主要参数才能被修改，如：P0304，P0305 等 2.只有在 P0010=0 的情况下，变频器才能运行	1
P0100	选择电机的功率单位和电网频率 =0 单位 kW，频率 50 Hz =1 单位 HP，频率 60 Hz =2 单位 kW，频率 60 Hz	0
P0205	变频器应用对象 =0 恒转矩（压缩机、传送带等） =1 变转矩（风机、泵类等）	0
P0300[0]	选择电机类型 =1 异步电机 =2 同步电机	1

续表

参数号	参数描述	推荐设置
P0304[0]	电机额定电压： 注意电机实际接线（Y/△）	根据电机铭牌
P0305[0]	电机额定电流： 注意：电机实际接线（Y/△） 如果驱动多台电机，P0305 的值要大于电流总和	根据电机铭牌
P0307[0]	电机额定功率 如果 P0100=0 或 2，单位是 kW 如果 0O100= 1，单位是 HP	根据电机铭牌
P0308[0]	电机功率因数	根据电机铭牌
P0309[0]	电机的额定效率 注意 如果 P0309 设置为 0，则变频器自动计算电机效率 如果 P0100 设置为 0，看不到此参数	根据电机铭牌
P0310[0]	电机额定频率 通常为 50/60 Hz 非标准电机，可以根据电机铭牌修改	根据电机铭牌
P0311[0]	电机的额定速度 矢量控制方式下，必须准确设置此参数	根据电机铭牌
P0320[0]	电机的磁化电流 通常取默认值	0
P0335[0]	电机冷却方式 =0 利用电机轴上风扇自冷却 =1 利用独立的风扇进行强制冷却	0
P0640[0]	电机过载因子 以电机额定电流的百分比来限制电机的过载电流	150
P0700[0]	选择命令给定源（启动/停止） =1 BOP(操作面板) =2 I/O 端子控制 =4 经过 BOP 链路 (RS232) 的 USS 控制 =5 通过 COM 链路 (端子 29，30) =6 PROFIBUS (CB 通信板) 注意：改变 P0700 设置，将复位所有的数字输入输出至出厂设定	2

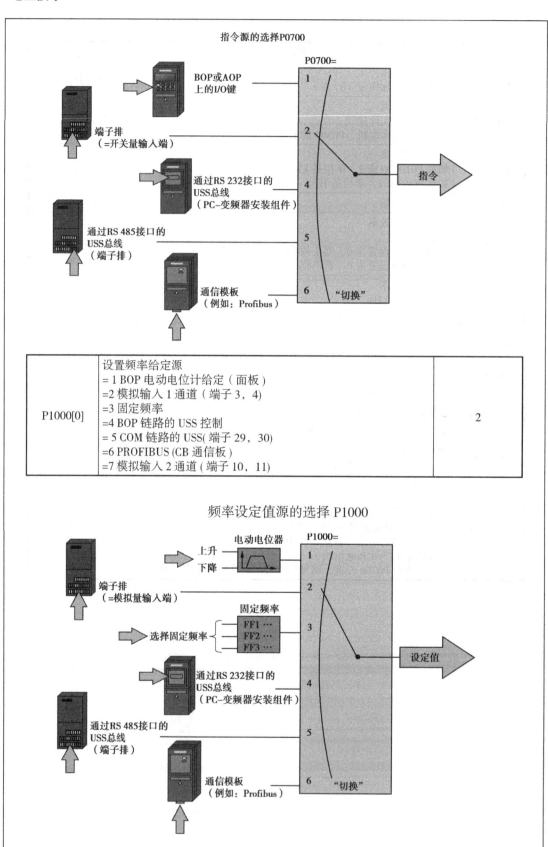

指令源的选择P0700

BOP或AOP
上的I/O键

端子排
（=开关量输入端）

通过RS 232接口的
USS总线
（PC–变频器安装组件）

通过RS 485接口的
USS总线
（端子排）

通信模板
（例如：Profibus）

P0700=
1
2
4
5
6
"切换"

指令

	设置频率给定源 =1 BOP 电动电位计给定（面板） =2 模拟输入 1 通道（端子 3，4） =3 固定频率 =4 BOP 链路的 USS 控制 =5 COM 链路的 USS(端子 29，30) =6 PROFIBUS (CB 通信板) =7 模拟输入 2 通道 (端子 10，11)	
P1000[0]		2

频率设定值源的选择 P1000

电动电位器
上升
下降

端子排
（=模拟量输入端）

固定频率
FF1 ···
选择固定频率 FF2 ···
FF3 ···

通过RS 232接口的
USS总线
（PC–变频器安装组件）

通过RS 485接口的
USS总线
（端子排）

通信模板
（例如：Profibus）

P1000=
1
2
3
4
5
6
"切换"

设定值

参数号	参数描述	推荐设置
P1080[0]	限制电机运行的最小频率	0
P1082[0]	限制电机运行的最大频率	50
P1120[0]	电机从静止状态加速到最大频率所需时间	10
P1121[0]	电机从最大频率降速到静止状态所需时间	10
P1300[0]	控制方式选择 =0 线性 V/F，要求电机的压频比准确 =2 平方曲线的 V/F 控制 =20 无传感器矢量控制 =21 带传感器的矢量控制	0
P3900	结束快速调试 =1 电机数据计算，并将除快速调试以外的参数恢复到工厂设定 =2 电机数据计算，并将 I/O 设定恢复到工厂设定 =3 电机数据计算，其他参数不进行工厂复位	3

2. 关键参数号

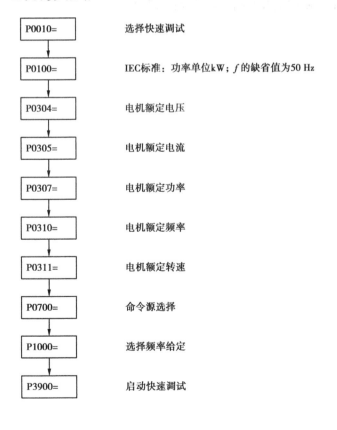

P0010=	选择快速调试
P0100=	IEC标准：功率单位kW；f 的缺省值为50 Hz
P0304=	电机额定电压
P0305=	电机额定电流
P0307=	电机额定功率
P0310=	电机额定频率
P0311=	电机额定转速
P0700=	命令源选择
P1000=	选择频率给定
P3900=	启动快速调试

一、任务目标

知识目标

①认识参数过滤器和访问等级，认识斜坡函数发生器；

②理解变频器斜坡时间参数含义；

③明了变频器斜坡时间的功能；

④掌握基本操作面板设置参数的方法。

技能目标

①熟练变频器的面板操作方法；

②熟练变频器的功能参数设置。

二、任务内容

变频器斜坡时间设置。

三、任务功能

使用操作面板 BOP 或 AOP 对变频器进行斜坡时间设置。

要求：最大输出频率 40 Hz，斜坡上升时间 2 s，斜坡下降时间 4 s。

四、任务过程

①获取资料；

②计划；

③决策；

④实施；

⑤检查；

⑥评估。

五、任务用时

3 学时。

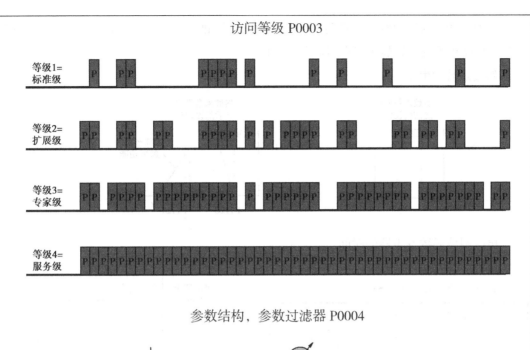

访问等级 P0003

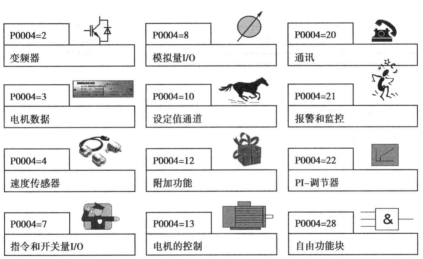

参数结构，参数过滤器 P0004

加速、减速时间也称作斜坡时间，分别指电机从静止状态加速到最高频率所需要的时间和从最高频率减速到静止状态所需要的时间。

斜坡函数发生器

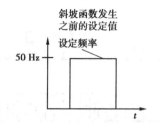

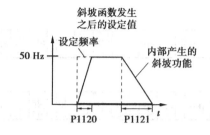

更改斜坡函数发生器的时间

斜坡上升时间　P1120

斜坡下降时间　　P1121

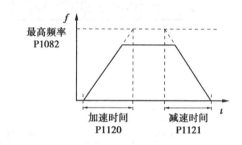

参数号码	参数功能
P1120	加速时间
P1121	减速时间

限制电机的转速

最大输出频率　P1082

说明：这些参数在选择快速调试时也出现，但与电机数据不同的是这些参数在快速调试之外也可更改。

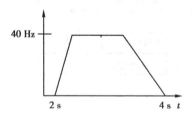

P0010=　　　　　　　　　　　　　选择快速调试

P0100=　　　　　　　　　　　　　IEC标准：功率单位kW；f 的缺省值为50 Hz

P0304= ⎫　　　　　　　　　　　　电机额定电压

P0305= ⎪　　　　　　　　　　　　电机额定电流

P0307= ⎬ 根据电机铭牌来定　　　电机额定功率

P0310= ⎪　　　　　　　　　　　　电机额定频率

P0311= ⎭　　　　　　　　　　　　电机额定转速

P0700=　　　　　　　　　　　　　命令源选择

P1000=　　　　　　　　　　　　　选择频率给定

P1082=　　　　　　　　　　　　　最大输出频率

P1120=　　　　　　　　　　　　　斜坡上升时间

P1121=　　　　　　　　　　　　　斜坡下降时间

一、任务目标

知识目标

①了解变频器外部端子控制相关参数；

②知道变频器外部端子控制的功能；

③懂得基本操作面板设置参数的方法；

④能绘制变频器外部端子控制原理图。

技能目标

①熟练变频器的面板操作方法；

②熟练变频器的功能参数设置；

③学会外部控制端子接线；

④能选择器件完成配电板布局及安装。

二、任务内容

变频器外部端子控制。

三、任务功能

使用操作面板 BOP 或 AOP 对变频器进行外部端子控制设置。

要求：使用外部端子控制变频器的正转和反转。

四、任务过程

①获取资料；

②计划；

③决策；

④实施；

⑤检查；

⑥评估。

五、任务用时

12 学时。

MM440 包含了 6 个数字开关量的输入端子，每个端子都有一个对应的参数用来设定该端子的功能。

<table>
<tr><th>数字输入</th><th>端子编号</th><th>参数编号</th><th>出厂设置</th><th>功能说明</th></tr>
<tr><td>DIN1</td><td>5</td><td>P0701</td><td>1</td><td>=1 接通正转 / 断开停车</td></tr>
<tr><td>DIN2</td><td>6</td><td>P0702</td><td>12</td><td>=2 接通反转 / 断开停车</td></tr>
<tr><td>DIN3</td><td>7</td><td>P0703</td><td>9</td><td>=3 断开按惯性自由停车</td></tr>
<tr><td>DIN4</td><td>8</td><td>P0704</td><td>15</td><td>=4 断开按第二降速时间快速停车</td></tr>
<tr><td>DIN5</td><td>16</td><td>P0705</td><td>15</td><td>=9 故障复位</td></tr>
<tr><td>DIN6</td><td>17</td><td>P0706</td><td>15</td><td>=10 正向点动</td></tr>
<tr><td></td><td>9</td><td>公共端</td><td></td><td>=11 反向点动</td></tr>
<tr><td colspan="4" rowspan="11">说明：
①开关量的输入逻辑可以通过 P0725 改变
②开关量输入状态由参数 r0722 监控，开关闭合时相应笔划点亮
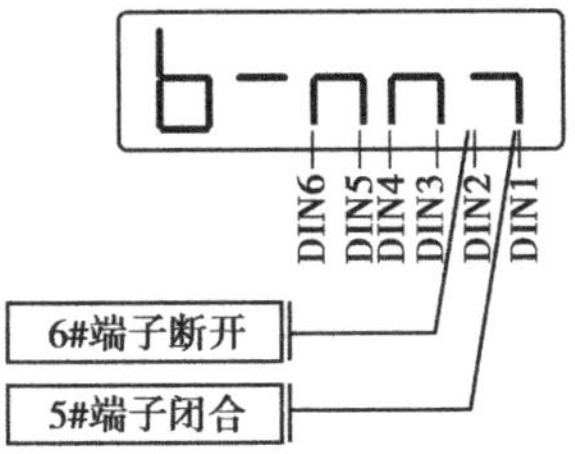
</td><td>=12 反转（与正转命令配合使用）</td></tr>
<tr><td>=13 电动电位计升速</td></tr>
<tr><td>=14 电动电位计降速</td></tr>
<tr><td>=15 固定频率直接选择</td></tr>
<tr><td>=16 固定频率选择 +ON 命令</td></tr>
<tr><td>=17 固定频率编码选择 +ON 命令</td></tr>
<tr><td>=25 使能直流制动</td></tr>
<tr><td>=29 外部故障信号触发跳闸</td></tr>
<tr><td>=33 禁止附加频率设定值</td></tr>
<tr><td>= 99 使能 BICO 参数化</td></tr>
<tr><td></td></tr>
</table>

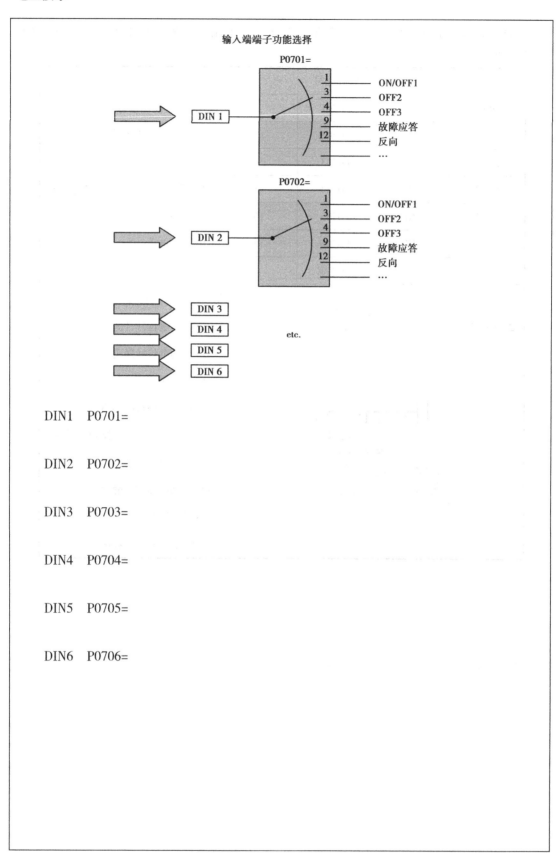

DIN1   P0701=

DIN2   P0702=

DIN3   P0703=

DIN4   P0704=

DIN5   P0705=

DIN6   P0706=

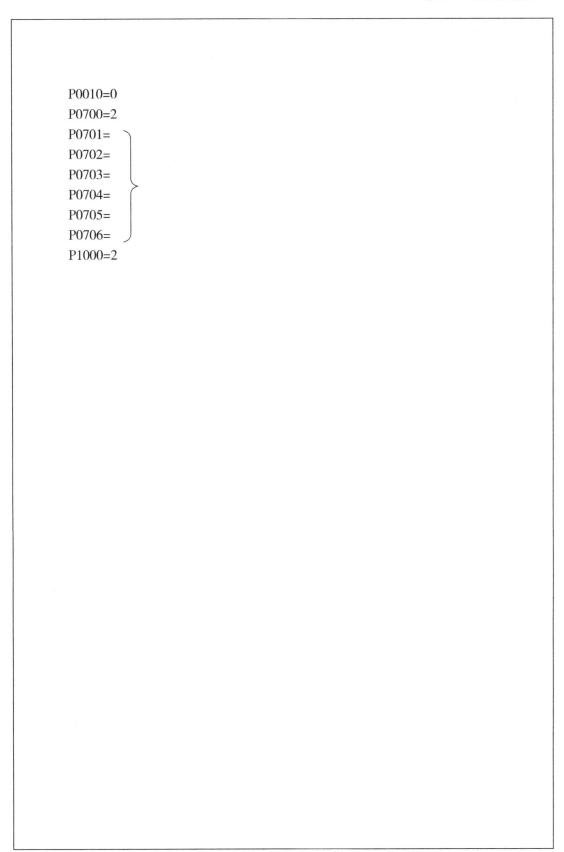

P0010=0
P0700=2
P0701=
P0702=
P0703=
P0704=
P0705=
P0706=
P1000=2

控制电路原理图：

配电柜平面布局图：

一、任务目标

知识目标

①了解变频器外部端子控制相关参数；

②知道变频器外部端子控制的功能；

③掌握基本操作面板设置参数的方法；

④能绘制变频器外部端子控制原理图。

技能目标

①熟练变频器的面板操作方法；

②熟练变频器的功能参数设置；

③学会外部控制端子接线；

④能够选择器件完成配电板布局及安装。

二、任务内容

变频器外部端子多段速控制。

三、任务功能

使用操作面板 BOP 或 AOP 对变频器进行外部端子多段速控制设置。

要求：使用外部端子控制变频器的输出频率，改变电动机的转速。

四、任务过程

①获取资料；

②计划；

③决策；

④实施；

⑤检查；

⑥评估。

五、任务用时

12 学时。

多段速功能，也称作固定频率，就是设置参数 P1000=3 的条件下，用开关量端子选择固定频率的组合，实现电机多段速度运行。可通过以下三种方法实现。

1. 直接选择

P0701 – P0706 = 15

端子编号	对应参数	对应频率设置	说明
5	P0701	P1001	①频率给定源 P1000 必须设置为 3
6	P0702	P1002	②当多个选择同时激活时，选定的频率是它们的总和
7	P0703	P1003	
8	P0704	P1004	
16	P0705	P1005	
17	P0706	P1006	

2. 直接选择 +ON 命令

在这种操作方式下，数字量输入既选择固定频率（见上表），又具备启动功能。

3. 二进制编码选择 +ON 命令：

使用这种方法最多可以选择 15 个固定频率。各个固定频率的数值根据下表选择。

频率设定	端子 8	端子 7	端子 6	端子 5
P1001				1
P1002			1	
P1003			1	1
P1004		1		
P1005		1		1
P1006		1	1	
P1007		1	1	1
P1008	1			
P1009	1			1
P1010	1		1	
P1011	1		1	1
P1012	1	1		
P1013	1	1		1
P1014	1	1	1	
P1015	1	1	1	1

一个糖离心机要求有下列固定频率

8 Hz 用于填料时的运动

45 Hz 用于离心分离

20 Hz 用于排出

P_____ = _____

P_____ = _____

P_____ = _____

当P0701~P0706=15/16时

DIN1=P0701=P1001 ⎫
DIN2=P0702=P1002 ⎪
DIN3=P0703=P1003 ⎪
DIN4=P0704=P1004 ⎬ 可设置频率
DIN5=P0705=P1005 ⎪
DIN6=P0706=P1006 ⎭

- P0700=

- P0701=

- P0702=

- P0703=

- P0704=

- P1000=

- P1002=

- P1003=

- P1004=

控制电路原理图：

配电柜平面布局图：

1	评分表		工作形式 □个人 □小组分工 □小组			他人评分 □是 □否		实际工作时间		
2	评分范围：10-9-7-6-0		评分结果					项目系数	学生自评	教师评分
	评分标准		评 分			项目分				
			学生自评	教师评分	项目系数	学生自评	教师评分			
	一、计划阶段 1. 工作计划 2. 参数列表 3. 电路图的设计 4. 资料的完整性				0.3 0.2 0.2 0.3					
	合　计				1.0			0.3		
	二、实施阶段 1. 元器件、走线槽的安装布局和标注 2. 元器件的标注 3. 导线与端子排的整型 4. 工具的摆放和工作台的整洁性				0.2 0.2 0.3 0.3					
	合　计				1.0			0.2		
	三、导线连接与固定 1. 导线的选择 2. 导线的绝缘 3. 导线的固定 4. 控制柜的连接				0.2 0.3 0.2 0.3					
	合　计				1.0			0.2		
	四、功能测试阶段 1. 控制功能实现 2. 功能描述及各种参数的确定 3. 故障的分析与排除 4. 安全保护措施				0.3 0.2 0.3 0.2					
	合　计				1.0			0.3		
	总　分							1.0		
3	练习总结：									
4	学生签名及学号： 教师签字：									

任务三 变频器的应用

一、任务目标

知识目标

①根据订单要求，综合应用继电控制及变频器相关知识，设计控制系统；

②使用现有设备搭建控制系统，模拟实际应用现场；

③熟悉电气线路连接与检测知识；

④懂得工具的正确使用方法及注意事项；

⑤熟悉安全常识，提高安全意识。

技能目标

①能够综合应用相关知识设计控制系统；

②掌握安装、检测工具的使用方法；

③学会正确连接控制系统电气线路；

④学会检查并排除线路故障；

⑤具备一定职业素养与操守。

二、任务内容

①变频器外部端子启停控制；

②变频器外部端多段速控制；

③变频器外部端子控制接线；

④继电控制综合训练。

三、任务功能

①设计满足订单需求的控制电路；

②使用现有设备模拟相关器件搭建控制系统；

③在网孔板上布局控制系统；

④完成配电柜及控制系统的电气连接；

⑤检测与调试系统。

四、任务过程

①获取资料；

②计划；

③决策；

④实施；

⑤检查；

⑥评估。

五、任务用时

30学时。

一、订单说明

要求给一小区设计由变频器控制的供水系统，并按客户要求设计布线。

二、客户订单要求的功能说明

系统具备自动和手动两种模式，使用转换开关 SA_1 切换，系统处于自动模式时，通电自动进入运行状态；系统处于手动模式时，由按钮 SB_1 和 SB_2 控制系统启动、停止。

水塔在不同的液位高度共计安装有 4 个液位开关，分别检测当前水塔内部液位超低、液位低、液位高、液位超高状态。

当前液位处于超低及以下时，要求电机全速运行，转速为额定转速；

当前液位处于超低和低之间时，要求电机以额定转速的 75% 运行；

当前液位处于低和高之间时，要求电机以额定转速的 50% 运行；

当前液位处于高和超高之间时，要求电机以额定转速的 25% 运行；

当前液位处于超高及以上时，要求电机停止运行。

系统运行时，绿色指示灯 HL_1 点亮；变频器故障时，红色指示灯 HL_2 点亮。

序号	工作步序		注意事项
1	熟悉练习资料，了解练习内容与目的	1	检查资料是否齐全，字迹是否清晰
		2	全面熟悉练习资料
		3	画布局图及原理图
2	列材料清单并领取材料	1	材料要列全
		2	检查材料的数量与质量
		3	详细列出材料的规格型号
		4	节省材料使其不缺损
3	按专业要求布局元器件并标注	1	根据图纸要求布局
		2	尽量按比例布局
		3	注意标注一致性贴放
4	按专业要求接线	1	分清导线的颜色
		2	电缆线和导线的可靠绝缘
		3	冷压端头的正确固定
		4	注意接线牢固
5	断电时检查线路	1	注意万用表的正确使用
		2	正确判断电路的好坏
		3	熟悉电路原理图和接线图
6	功能测试	1	必须征得老师的许可，并现场监督
		2	注意人员和设备安全
		3	按电路要求检测功能
7	总结	1	要按图纸比例布局
		2	掌握变频器安装技能
		3	态度要认真

电气控制原理图：

工作原理描述：

网孔板安装布局图：

配电柜平面布局图：

变频器参数配置清单

参数编号	参数功能	目标设定值
参数编号	参数功能	目标设定值

材料清单

序号	名　称	规格型号	数　量	备　注
1				
2				
3				
4				
5				
6				
7				
8				
9				
10				
11				
12				
13				
14				
15				
16				
17				
18				
19				
20				
21				
22				
23				
24				
25				
26				
27				
28				
29				
30				
31				
32				
33				

材料清单

序号	名　称	规格型号	数　量	备　注
34				
35				
36				
37				
38				
39				
40				
41				
42				
43				
44				
45				
46				
47				
48				
49				
50				
51				
52				
53				
54				
55				
56				

工具清单

序号	名　称	规格型号	数　量	备　注
1				
2				
3				
4				
5				
6				
7				
8				
9				
10				
11				
12				
13				
14				
15				
16				
17				
18				
19				
20				
21				
22				
23				
24				
25				
26				
27				
28				
29				
30				
31				
32				
33				

	检测记录		
序号	检测内容	检测方法	检测结果
序号	检测内容	检测方法	检测结果

1	评分表 第　学年		工作形式 □个人　□小组分工　□小组		他人评分 □是　□否		实际工作时间		
	评分范围：10-9-7-6-0		评分结果				项目系数	学生自评	教师评分
	评分标准		评　分		项目分				
			学生自评	教师评分	项目系数	学生自评	教师评分		
2	一、计划阶段 1. 工作计划 2. 材料清单 3. 布局的设计 4. 图纸的完整性				0.3 0.2 0.2 0.3				
	合　计				1.0		0.3		
	二、实施阶段 1. 元器件、走线槽的安装布局和标注 2. 元器件的标注 3. 导线与端子排的整型 4. 工具的摆放和工作台的整洁性				0.2 0.2 0.3 0.3				
	合　计				1.0		0.2		
	三、导线连接与固定 1. 导线的选择 2. 导线的绝缘 3. 导线的固定 4. 控制柜的连接				0.2 0.3 0.2 0.3				
	合　计				1.0		0.2		
	四、功能测试阶段 1. 上电前的检测 2. 上电后的检测 3. 安全保护措施				0.3 0.2 0.3 0.2				
	合　计				1.0		0.3		
	总　分						1.0		
3	练习总结：								
4	学生签名及学号： 教师签字：								